# 人氣名師
# 拼布包代表作

瑞昇文化

U0073385

# CONTENTS

# Part 1

# 簡單卻時尚。

使用各類手法與素材，自由創作

# 簡單的單一拼接法

三角形

最適合碎布拼接的圖案

**正三角形圖案的小手提包**

●製作法51頁

梯形的迷你手提包，因為側身夠，所以容量出乎預期之大。背面的口袋還以動態配置繡上正三角形圖案，呈現動態模樣。
(設計／原浩美)

背面

6

金字塔圖案的
手提包與眼鏡袋

形狀簡單的手提包,其成品的
優劣取決於提把長短、縫合位
置的平衡感等微妙搭配。請衡
量整體狀況做調整,藍色、紫
色等配色十分搶眼。
(設計／三池道)

●製作法52頁

正方形

運用縫法、縫份倒向等，
掌握拼縫基本圖形

## 提把
## 作法簡單的
## 方形包

拼縫四個角,頂端裁剪成
背心型,再加上橢圓形的
底,製作法簡單。不需要
再費神縫上提把,用縫紉
機即能迅速完成。
(設計／三池道)

●製作法53頁

## 四角拼縫的
## 流蘇
## 貼身包

簡單的四角拼縫,以刺
繡、串珠裝飾縫合處。最
近的流行趨勢是不留側身
的扁平背包,不妨收集自
己喜愛的布料,試著做做
看。
(設計／丸濱淑子)

●製作法54頁

## 透明提把帶來清涼感
## 的四角拼縫托特包

●製作法55頁

匯集藍色系印花布的清爽托特包，配合簡單的拼接，壓線花樣也不要太複雜，看起來會比較清爽。推薦新手嘗試。

(設計／小林美彌子・製作／藤森圭子)

30年代印花布與褶邊的
可愛背包&手機袋

流行於30年代的復古印
花布，色調明亮，最適
合搭配藍色粗棉布。以
褶邊、捲曲緞帶裝飾的
可愛設計，適合日常外
出或度假時使用。
(設計／小林美彌子)

●製作法55、56頁

即使是細長碎布
也不會浪費的拼布圖案

12

## 柵欄圖案的
## 外出用提包&手機袋

局部的 V 型拼接襯托得整體更加出
色，手提包使用樸實的厚棉布為基底
布料，保持整體平衡。
(設計／小池潔子)

●製作法58頁

改變色調

## 條紋拼布的
## 橫長手提包

各類橫長的名牌手提包最近十分引人注
目，深度淺，開口大，便於使用。您可
以視自己的喜好，嘗試使用蕾絲製作清
爽型與色調典雅型兩種不同類型。
(設計／三池道)

●製作法57頁

確實做出個別角度，就能做出美麗成品。

## 六角形圖案的 托特包&手機袋

●製作法59頁

扣起兩側與中央的鈕扣，就能比較不佔空間。打開鈕扣，又能變身為容量超大的大托特包，手機袋上以六角形的花裝飾，增添可愛感。
(設計／比嘉勝子)

## 六角形圖案的
## 時尚扁平包

除了線條美麗外，
流行的緞帶刺繡、蟬翼紗
貼布縫等，多種優雅裝
飾，充滿夢幻情趣。
(設計 / 原浩美)

●製作法60頁

## 六角形圖案與
## 花朵貼布縫的
## 旅行組合

以花為主題的圖案中，六角形是最常被運用的，並使得印花布和花的貼布縫的特色更為顯著。絕妙的搭配，創造出增添旅行樂趣的組合包。

●製作法55、61頁

背面

## 六角形圖案的
## 上課用手提袋
●製作法62頁

能輕鬆放進B4大小的筆記本和紙張，在大六角形的圖案中，貼布縫上小巧可愛的小花圖案作點綴。即使配色不顯眼，但裝飾針法、貼布縫等存在感十足。
(設計／岩橋和子)

比起給人可愛印象的六角形，
感覺更成熟。

**附小手提包的
長六角形托特包**

●製作法63頁

最近流行附小手提包的親子包，靈活運
用成熟風格的圖樣，本體布料使用雅緻
的色紗格子布。
(設計／小池潔子)

菱形

靈活運用美麗的流線型

**菱形圖案的民族風
手提包＆波奇包**

●製作法64頁

手提包的側身有可愛的貼布縫若隱若現與橄
欖球狀的波奇包。菱形採星形配置，本作品
以斜向方式營造動感。粉紅色系的印花布料
營造適度地甜美氛圍。(設計／辻 toshi)

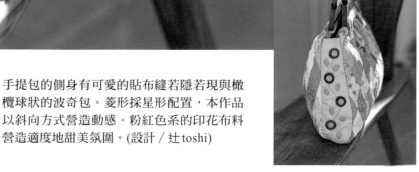

**色紗格子布的
雅緻縱長手提包**

●製作法66頁

分隔相同花樣，是經常用於柵欄的圖案，
本作品則嘗試做成條紋風格。避免使用多
色彩是為了讓鎖鏈圖案更醒目。
(設計 / 小池潔子)

## 內城圖案的
## 半肩背包

長背帶可以同時作為手提包、
肩背包使用。包體大小適中，
側身與本體界線夾入繩索，有
適中硬度。
(設計 / 岩橋和子)

●製作法67頁

## 小木屋圖案的
## 時尚托特包

●製作法66頁

改變小木屋圖案的中心布料與周圍布料
的配色，彈性配置。黑色竹質提把給人
雅緻印象。
(設計／小池潔子)

# 加上圓形

**鄉村風格的方形・圓形**
**圖案手提包＆波奇包**

●製作法68頁

方形中貼布縫上圓形的圖案，再搭配
花卉貼布縫，營造年輕氛圍。波奇包
裝得下存摺等物品，相當方便。同樣
使用色紗格子布。
(設計／岩橋和子)

**當代拼布的
2種大型提包**

●製作法69頁

印花、條紋、格子、點點等醒目圖案的組合十分新
鮮，讓人眼睛為之一亮，能成為日常裝扮的亮點。
(黑色系‧藍色系設計／小林美彌子‧藍色系製作／
西村富美子)

旅行用、上課用，用途多樣化的大型提包

# 大容量
# 波士頓包

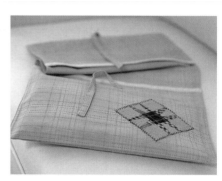

## 小旅行用
## 波士頓包 & 內衣袋

過夜旅行用的中型波士頓包。為了確保不變形，雙面襯與底板不可或缺。皮質提把縫合位置需略偏外側，以給人容量寬大的印象。
(設計／三池道)

●製作法70頁

**五角星圖案的
大型波士頓包**

●製作法65頁

運動提包型的橫長包，側身口袋、肩背帶
等，細節也用心設計，方便使用，應該能在
旅行時派上用場。

(設計／比嘉勝子)

### 橙皮圖案的
### 小型波士頓包

裝上皮製肩背帶，也可以
當小皮包使用。側身口袋
加上領結圖案作為點綴，
作為旅行用的側背包也非
常方便。
(設計／比嘉勝子)

●製作法71頁

### 線圈圖案的
### 中型波士頓包

平日外出時使用也非常方
便的中型提包。拼接看來
像蝴蝶的線圈圖案部分為
外口袋，稍微凸出的兩側
垂片，開關時很方便。
(設計／比嘉勝子)

●製作法71頁

# 束口袋風格

## 作法簡單的
## 後背包＆波奇包

將直線縫合的頂部縫在圈上，再加上底部與肩背帶，是一款作法非常簡單的後背包。曾經因為穿釘圓孔眼、包蓋製作感到十分困難而放棄的人，請務必再次嘗試。柔和的色調魅力十足。
(設計／辻toshi)

●製作法74頁

雖然說是媽媽包，但時尚的設計也可以在外出或上班時使用。兒童健康手冊包可以放健保卡、掛號證等。

(設計／比嘉勝子)

●製作法72・73頁

# 使用夏威夷印花布

與耀眼陽光相映成趣，
大器的圖案魅力十足

## 獨創夏威夷
## 印花布花卉迷你提包

夏威夷印花布雖然大多為原色，但用雅緻色
調製作也很棒。為一款迷你手提包。
(設計／村上勇子・製作／矢島洋子)

●製作法75頁

## 大花曼陀羅圖案的迷你提包

與上方提包大致上屬於同型，提把部分改用細皮
帶，只要改變圖案，感覺就大為不同。帶有光
澤的棉緞搭配壓線，效果極佳。(設計／村上勇
子・製作／小林彩子)

●製作法75頁

## 夏威夷印花布大提包

使用可以肩背的大型竹質單提把，容量大，
不論渡假或上課都很方便。整體設計與向外
伸展的圖案相得益彰。
(設計／小林美彌子・製作／神津和子)

●製作法76頁

# 以素色布料製作，十分優雅

最能襯托布料質感。重點為布料選擇。

## 以雅緻花朵裝飾的簡單提包

為了帶出布料原有風格，提包本體只作簡單壓線，再以大型三色堇貼布縫裝飾。白色木料提把也恰到好處，時尚高雅。
(設計 / 大畑美佳)

●製作法77頁

## 使用蕾絲的細緻提包

使用棉蕾絲、薄紗蕾絲、棉緞等高級質感布料，將細窄的小木屋圖案縫成三角形之華麗設計。最適合宴會時使用。
(設計 / 村上勇子)

●製作法77頁

### 輕盈的透氣提包

透氣素材在製作夏季用提包時是不可或缺的，本作品使用的尼龍蕾絲很堅固，同時也容易縫製，使用家用縫紉機就能簡單製作。拼布用於口袋部分。(設計 / 小池潔子)

●製作法78頁

# 使用透氣素材

輕盈且堅固。雅緻的透明感魅力十足

## 雅緻的含麻線透氣素材提包

●製作法78頁

最近流行織進麻線的透氣素材，活用布料圖
案，左右改變縫合方向。縫合處用帶狀拼布
掩蓋，雅緻色調能長久使用。
(設計 / 小池潔子)

## 貓頭鷹家族
## 的化妝包

●製作法79頁

受歡迎的提包，可以作為化妝包或針線包使用。圓滾滾的貓頭鷹立體貼布縫非常可愛，改變黑眼球的位置就能改變貓頭鷹的表情。
(設計／工房・Heartful Club)

絲綢與麻袋風格棉布的貓頭鷹肩背袋

袋扣使用七葉樹籽，風格樸實，與貓頭鷹圖案相得益彰。麻袋質料棉布與大島絲綢也很搭，雅緻中更襯托出貓頭鷹的可愛。
(設計／工房・Heartful Club)

●製作法79頁

背面

# 使用日式布料

## 以酒袋布製作的
## 貼身背包

本體為厚實堅固的酒袋布，再以花樣染、絣織、木棉布等舊布料裝飾。垂在兩旁的編繩與串珠營造出新鮮樣貌。
(設計／酒井hatsue)

●製作法80頁

## 大容量的
## 領結圖案肩背包

以絣織、條紋、更紗圖案等種類豐富的仿舊布料製作的肩背包。編繩製成的提把不論肩背或手提都很適合。
(設計／酒井hatsue)

●製作法80頁

改變顏色

### 變化十字圖案的
### 大型托特包

●製作法81頁

以白絣織布為底，拼接上更紗方形圖案
及條紋十字。雖然使用仿舊布料，成品
卻相當時尚。

(設計／村上勇子・製作／藤繩景子)

## 銘仙絲綢風格棉布的變化提包

比絲綢更容易使用的硬挺銘仙風木棉布。圖樣讓人想起潘朵拉的盒子，將布料剪成六角形，縫成細柵欄圖案，設計獨特。
(設計／村上勇子・製作／荒木曄子)

●製作法81頁

## 細摺提包與
## 拼布迷你小包

與上方銘仙風木棉布顏色不同，同樣的圖案縫成細摺後氛圍大為不同。迷你小包則是拼接小圖案。
(設計／村上勇子・製作／飯塚圭子)

●製作法82頁

# 深受歡迎的迷你包

**純白花卉的
拼縫圓包**

●製作法83頁

活用布料本身的莫列波紋圖案製作純白拼縫，強調柔和的圓形，裝上鎖鏈提把，就變身為時尚的迷你包。

(設計 / 岩橋和子・製作 / 辻本晃子)

## Yoyo綴縫的
## 心型波奇包

●製作法83頁

有如鋪滿小花的波奇包，小型yoyo綴縫用較薄的柔軟布料會比較容易製作。使用同色系布料營造雅緻氛圍。

(設計／岩橋和子・製作／細川智子)

## 側邊六角形圖案的
## 小提包

●製作法84頁

熱門的小提包,可以掛在大提包提把
上,當成親子包使用。拼布只用在側身
的設計,匠心獨具。

(設計 / 岩橋和子・製作 / 谷輪俊子)

背面

### 點點與小花，
### 小花波奇包

●製作法85頁

為可以托在手心的大小。為了避免整體太過孩子氣，而使用深褐色格子布料與捲曲緞帶。(設計 / 岩橋和子)

隨時都想使用的熱門單品

# 方便的迷你波奇包

## 日式布料波奇包

照片後方的波奇包使用的
是舊絲綢布料，前方波
奇包則是使用仿舊棉布。
舊布料既昂貴又罕見，仿
舊布料則是熱門的代用素
材。

(設計／酒井 hatsue)

●製作法85頁

改變顏色

## 貓咪母子的波奇包
## 與零錢包

務必一起使用的波奇包與零
錢包，波奇包上的貓咪身體
剛好是外側口袋，可以試著
以不同顏色製作。是一拿出
來就一定能成為目光焦點的
組合。

(設計／工房・Heartful Club)

●製作法86頁

## 不同花色的
## 3種貓咪造型波奇包

讓人不禁會心一笑的貓咪造
型波奇包，只要一拿在手上
就會覺得好溫馨。變化四角
拼縫法製作出三種風格不同
的貓咪，尾巴也完全不同喔！
(設計／原浩美)

●製作法87頁

## 薄紗蕾絲的
## 浪漫波奇包

將簡單的四角拼縫法，運
用在薄紗蕾絲上，就能製
作出如此浪漫的波奇包。
以相同布料製作提把，方
便作為貼身提包使用。
(設計／丸山靜江)

●製作法88頁

## 方格圖案的
## 半圓波奇包

縫合水果圖案與花朵圖
案的可愛波奇包，因為
是藏在手提包裡的波奇
包，不妨使用特別亮眼
可愛的布料。
(設計／松山敦子)

●製作法88頁

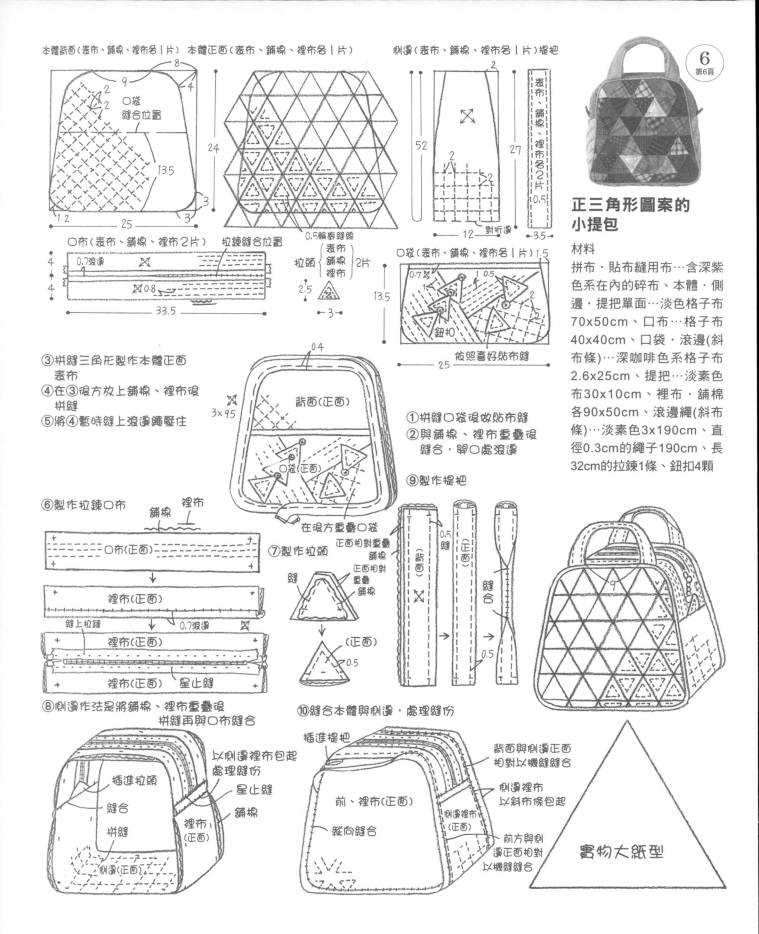

本體背面(表布、鋪棉、裡布各1片)　本體正面(表布、鋪棉、裡布各1片)　側邊(表布、鋪棉、裡布各1片)提把

8
9　4
口袋
縫合位置
2
24
13.5
3
3
1.2　25

52
27

表布、鋪棉、裡布各2片
0.5

2
2
2
0.5輪廓縫線
表布
鋪棉
裡布
2片

12　對折邊　3.5

## 正三角形圖案的
## 小提包

**材料**
拼布・貼布縫用布…含深紫色系在內的碎布、本體・側邊・提把單面…淡色格子布70x50cm、口布…格子布40x40cm、口袋・滾邊(斜布條)…深咖啡色系格子布2.6x25cm、提把…淡素色布30x10cm、裡布・鋪棉各90x50cm、滾邊繩(斜布條)…淡素色3x190cm、直徑0.3cm的繩子190cm、長32cm的拉鍊1條、鈕扣4顆

口布(表布、鋪棉、裡布2片)　拉鍊縫合位置
4　0.7滾邊
4
33.5

拉頭
表布
鋪棉
裡布
2片
2.5　3

口袋(表布、鋪棉、裡布各1片)1.5
0.7　1　0.5
1
13.5　2
鈕扣
25　依照喜好貼布縫

③拼縫三角形製作本體正面表布
④在③後方放上鋪棉、裡布後拼縫
⑤將④暫時縫上滾邊繩壓住

0.4
3×95
背面(正面)
口袋(正面)

在後方重疊口袋

①拼縫口袋後做貼布縫
②與鋪棉、裡布重疊後縫合，開口處滾邊

⑨製作提把

⑥製作拉鍊口布
鋪棉　裡布
口布(正面)
裡布(正面)
縫上拉鍊　0.7滾邊
裡布(正面)
裡布(正面)星止縫

⑦製作拉頭
縫
正面相對重疊
鋪棉
(正面)
0.5

0.5
縫
正面相對重疊
鋪棉
背面(正面)
(正面)
合縫
0.5

⑧側邊作法是將鋪棉、裡布重疊後拼縫再與口布縫合

插進拉頭
縫合
拼縫
以側邊裡布包起處理縫份
星止縫
鋪棉
裡布(正面)
側邊(正面)

⑩縫合本體與側邊，處理縫份

插進提把
前、裡布(正面)
縱向縫合
側邊裡布(正面)

背面與側邊正面相對以機縫縫合
側邊裡布以斜布條包起
前方與側邊正面相對以機縫縫合

實物大紙型

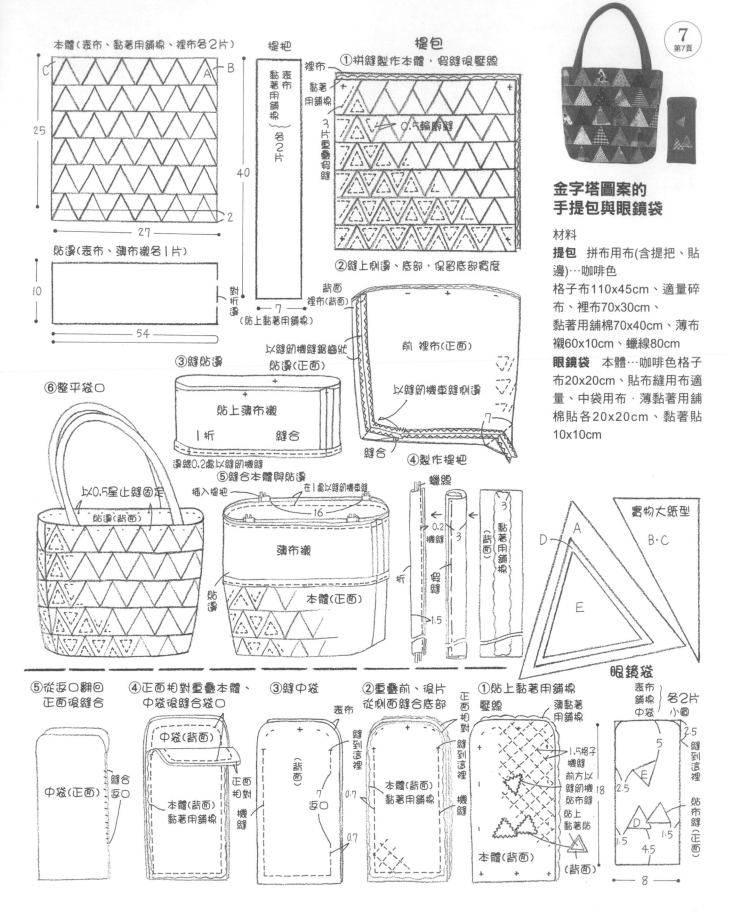

本體(表布、黏著用鋪棉、裡布各2片)

C
A B

25

27

2

貼邊(表布、薄布襯各1片)

10

對折邊

54

提把
黏著用鋪棉
表布
(各2片)

40

7
(貼上黏著用鋪棉)

提包
①拼縫製作本體，假縫後壓線

裡布
黏著用鋪棉
3片連續假縫

0.5輪廓縫

②縫上側邊、底部，保留底部寬度

③縫貼邊

貼邊(正面)
貼上薄布襯
1折 縫合
邊緣0.2處以縫紉機縫

⑥整平袋口

以0.5星止縫固定
貼邊(背面)

背面 裡布(背面)
以縫紉機縫鋸齒狀
前 裡布(正面)
以縫紉機車縫側邊

7
縫合

④製作提把

⑤縫合本體與貼邊
插入提把
在1處以縫紉機車縫
16

蠟線
0.2
機縫
3
折
假縫
1.5

3
黏著用鋪棉
(背面)

薄布襯
本體(正面)
貼邊

眼鏡袋

實物大紙型
D A B·C
E

**金字塔圖案的
手提包與眼鏡袋**

材料
**提包** 拼布用布(含提把、貼邊)…咖啡色
格子布110x45cm、適量碎布、裡布70x30cm、黏著用鋪棉70x40cm、薄布襯60x10cm、蠟線80cm
**眼鏡袋** 本體…咖啡色格子布20x20cm、貼布縫用布適量、中袋用布·薄黏著用鋪棉貼各20x20cm、黏著貼10x10cm

⑤從返口翻回
正面後縫合

中袋(正面)
縫合
返口

④正面相對重疊本體、
中袋後縫合袋口

表布
中袋(背面)
本體(背面)
黏著用鋪棉
正面相對
機縫

③縫中袋

縫到這裡
正面相對
(背面)
7
返口

②重疊前、後片
從側面縫合底部

縫到這裡
本體(背面)
黏著用鋪棉
機縫
0.7
0.7

①貼上黏著用鋪棉
壓線

正面相對
薄黏著用鋪棉
1.5格子機縫
前方以縫紉機貼布縫
貼上黏著貼
本體(背面)
(背面)
18

表布
鋪棉
中袋 各2片
小圓
2.5
縫到這裡
5
E
2.5
貼布縫(正面)
D
1.5 1.5
4.5
8

①將拼縫後的布與鋪棉、
　裡布重疊壓線

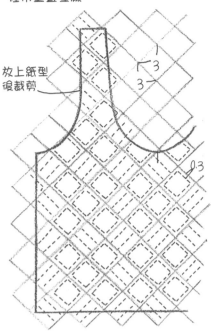

放上紙型
後裁剪

0.3

本體(表布、鋪棉、裡布各2片)

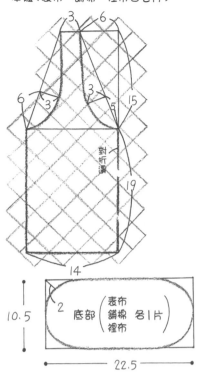

3　6
3
6　3
3　5
15
對折邊
19
14

10.5

2　底部 (表布
鋪棉 各1片
裡布)

22.5

8
第8頁

**提把**
**作法簡單的**
**方形包**

材料
拼布用布…藍色系、咖啡
色系、暗綠色系、紅棕色
系・粉紅色系印花碎布、
鋪棉50x60cm、底部・裡
布52x65cm、滾邊(斜布
條)用布…黑色系格子布
3.5x150cm

④縫側面

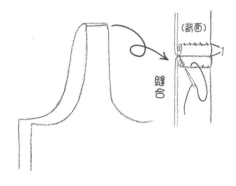

剪裁

含縫份，留多一點的預留縫份

縫合

0.8縫伤
(背面)

1.5

③縫合提把

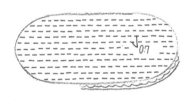

(背面)
縫合
1

②重疊底部的表布、鋪棉、
　裡布後壓線

0.7

⑥裝上底部

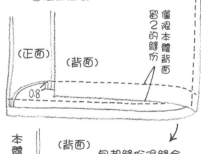

(正面)
(背面)
僅留本體背面
留2的縫伤

0.8

本體
(背面)

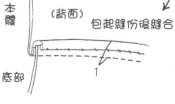

底部

包起縫伤後縫合
1

⑤以斜布條裹起提把

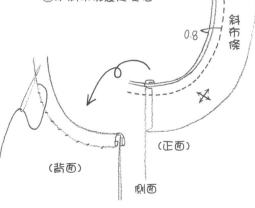

0.8
斜布條

(背面)
(正面)

側面

寬0.8

本體（表布、舖棉、裡布各1片）　羽毛縫（縫孔用線　紫色與淡綠色各1根）　肩帶（表布1片）

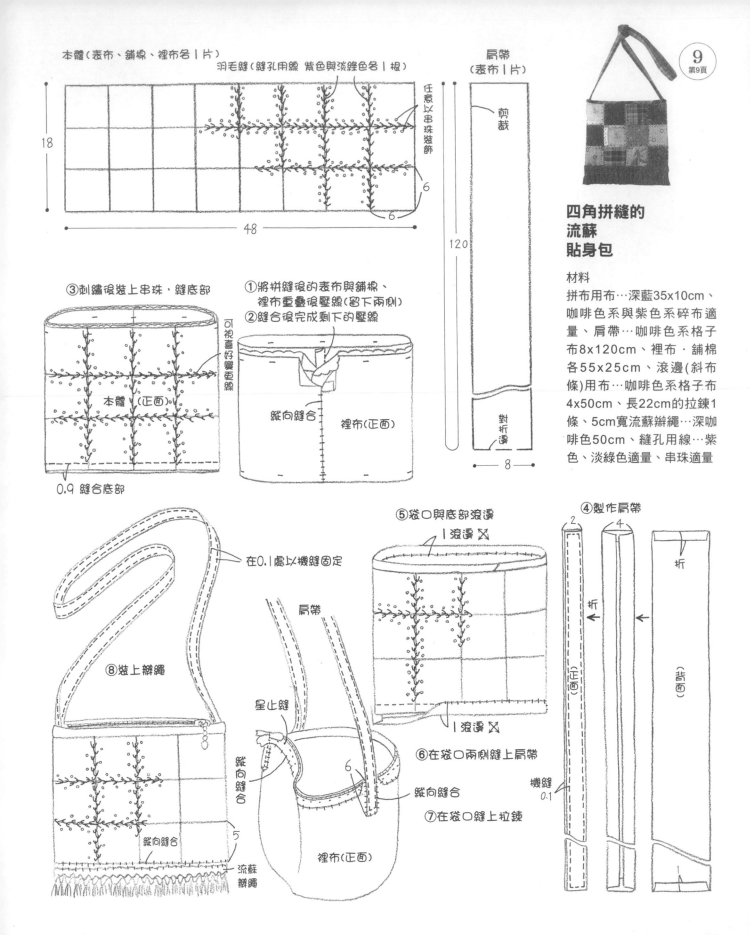

任意以串珠裝飾

18

48

6

6

剪裁

120

對折邊

8

③刺繡後裝上串珠，縫底部

可視喜好變換色線

本體（正面）

0.9　縫合底部

①將拼縫後的表布與舖棉、裡布重疊後壓線（留下兩側）
②縫合後完成剩下的壓線

縱向縫合　裡布（正面）

⑤袋口與底部滾邊

滾邊Ｘ

滾邊Ｘ

⑥在袋口兩側縫上肩帶

⑦在袋口縫上拉鍊

縱向縫合

肩帶

在0.1處以機縫固定

⑧裝上辮繩

縫向縫合

縱向縫合

5

流蘇辮繩

星止縫

肩帶

6

7

縱向縫合

裡布（正面）

④製作肩帶

2

4

折

折

折

（正面）

（背面）

機縫
0.1

1

**9**
第9頁

## 四角拼縫的
## 流蘇
## 貼身包

材料
拼布用布…深藍35x10cm、咖啡色系與紫色系碎布適量、肩帶…咖啡色系格子布8x120cm、裡布・舖棉各55x25cm、滾邊(斜布條)用布…咖啡色系格子布4x50cm、長22cm的拉鍊1條、5cm寬流蘇辮繩…深咖啡色50cm、縫孔用線…紫色、淡綠色適量、串珠適量

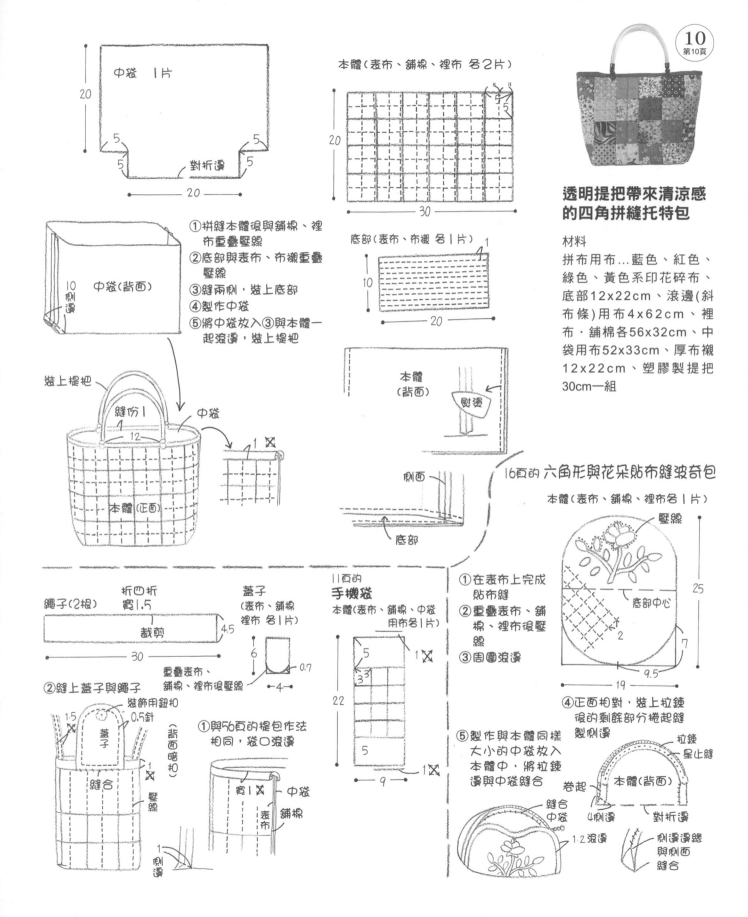

中袋　1片

20

5

5

5

5

對折邊

20

本體（表布、舖棉、裡布 各2片）

20

30

底部（表布、布襯 各1片）

10

20

1

10
側邊

中袋（背面）

①拼縫本體後與舖棉、裡布重疊壓線
②底部與表布、布襯重疊壓線
③縫兩側，裝上底部
④製作中袋
⑤將中袋放入③與本體一起滾邊，裝上提把

裝上提把

縫份1

中袋

12

本體（正面）

1

本體
（背面）

熨燙

側面

底部

透明提把帶來清涼感
的四角拼縫托特包

材料
拼布用布…藍色、紅色、綠色、黃色系印花碎布、底部12x22cm、滾邊（斜布條）用布4x62cm、裡布·舖棉各56x32cm、中袋用布52x33cm、厚布襯12x22cm、塑膠製提把30cm一組

16頁的 六角形與花朵貼布縫波奇包

本體（表布、舖棉、裡布各1片）

壓線

底部中心

25

2

7

9.5

19

①在表布上完成貼布縫
②重疊表布、舖棉、裡布後壓線
③周圍滾邊

④正面相對，裝上拉鍊後的剩餘部分捲起縫製側邊

拉鍊

星止縫

本體（背面）

捲起

對折邊

側邊邊緣與側面縫合

1.2滾邊

縫合中袋

4側邊

⑤製作與本體同樣大小的中袋放入本體中，將拉鍊邊與中袋縫合

繩子（2根）

折四折
寬1.5

裁剪

30

4.5

蓋子
（表布、舖棉裡布 各1片）

6

4

0.7

11頁的
手機袋

本體（表布、舖棉、中袋用布各1片）

5

3

5

22

9

1

1

②縫上蓋子與繩子

重疊表布、舖棉、裡布後壓線

裝飾用鈕扣
0.5針

蓋子

1.5

（背面暗扣）

縫合

壓線

側邊

1

①與56頁的提包作法相同，袋口滾邊

寬1

中袋

舖棉

表布

1

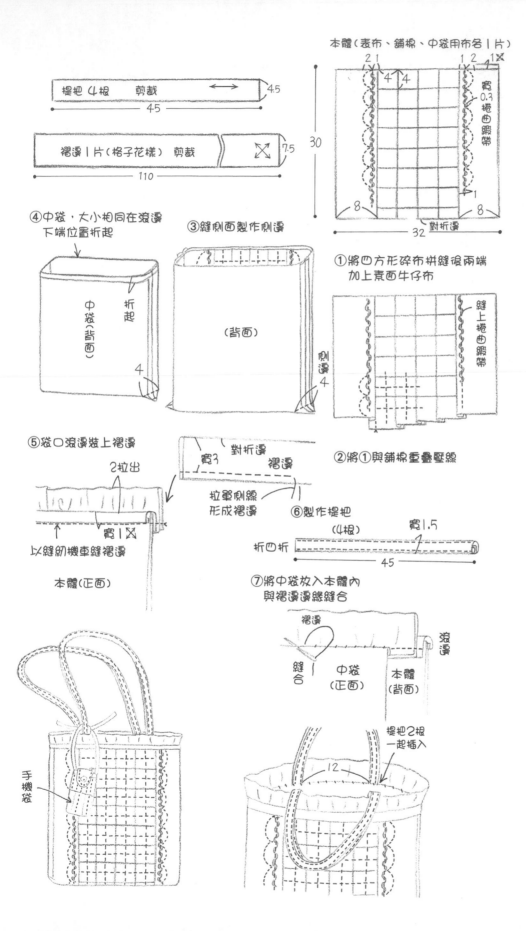

提把（4根） 剪裁 45 4.5

褶邊1片（格子花樣） 剪裁 110 7.5

本體（表布、舖棉、中袋用布各1片）
2 1 1 2 1
4 4
寬0.3捲曲緞帶
30
8 8
32 對折邊

④中袋，大小相同在滾邊下端位置折起

中袋（背面） 折起 4

③縫側面製作側邊

（背面）

側邊 4

①將四方形碎布拼縫後兩端加上裏面牛仔布

縫上捲曲緞帶

②將①與舖棉重疊壓線

⑤袋口滾邊裝上褶邊
2拉出
寬1
以縫紉機車縫褶邊
本體（正面）

寬3 對折邊 褶邊
拉單側線形成褶邊

⑥製作提把
（4根）
折四折 寬1.5
45

⑦將中袋放入本體內與褶邊邊緣縫合
褶邊
縫合
中袋（正面）
滾邊
本體（背面）

手機袋

提把2根一起插入
12

## 30年代
## 印花布與褶邊的
## 可愛背包&手機袋

材料

**提包** 拼布用布…紅、藍、黃、綠、咖啡色等各色印花碎布、本體兩側‧提把‧滾邊(斜布條)用布…牛仔布90x50cm、褶邊用布(斜布條)…格子布7.5x110cm、中袋用布62x34cm、寬0.3cm捲曲緞帶125cm

**手機袋** 拼布用布…各類印花布、本體上方‧蓋子‧提把…牛仔布32x40cm、中袋用布24x11cm、直徑1.2cm的粉紅色鈕扣1顆、暗扣(中)1組

※手機袋作法請參閱55頁。

實物大紙型

壓線

提包本體(表布、黏著用舖棉、裡布各2片)

15

小圓

30

側邊(表布、黏著用舖棉、裡布各1片)

4

0.8機縫壓線

對折邊

15

59

1.3

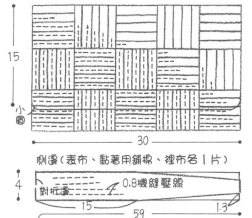

## 條紋拼布的
## 橫長手提包

材料

拼布用布…咖啡色系、紫色系、深綠色系條紋等碎布、側邊…深咖啡色系條紋6x61cm、滾邊(斜布條)用布…深咖啡色系條紋4x70cm、裡布‧黏著用舖棉各70x30cm、內徑1cm的圓孔扣眼4個、寬約12x高12cm的竹製提把1組

③假縫側邊壓線

裡布
黏著用舖棉
表布(正面)

1.2

機縫壓線

②將黏著用舖棉黏在表布上,與裡布重疊,假縫後壓線

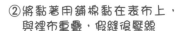

1.2

①拼縫圖樣

準備150片圖樣

0.7

以15片圖樣為單位拼縫,製作表布

側邊與底部的圖樣縫份1.2

⑤袋口滾邊

機縫

滾邊布(背面)

本體(正面)

4

重疊

④縫合本體與側邊,處理縫份

本體裡布(正面)

0.7

機縫

機縫鋸齒狀

側邊裡布(正面)

⑦縫袋口

3

前後確實縫合

⑥打圓孔扣眼裝上提把

縱向縫合

圓孔扣眼

2.5

12.5

將提把的蠟線穿過圓孔扣眼

打結固定

裡布(正面)

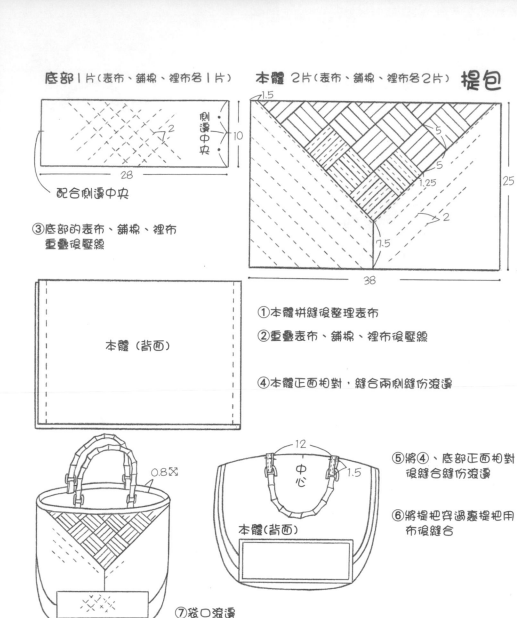

底部 1片（表布、舖棉、裡布 各1片）

本體 2片（表布、舖棉、裡布各2片） **提包**

2

側邊中央

10

28

配合側邊中央

③底部的表布、舖棉、裡布
重疊後壓線

本體（背面）

1.5

5

5

1.25

2

7.5

25

38

①本體拼縫後整理表布

②重疊表布、舖棉、裡布後壓線

④本體正面相對，縫合兩側縫份滾邊

⑤將④、底部正面相對
後縫合縫份滾邊

⑥將提把穿過裹提把用
布後縫合

0.8

12

中心

1.5

本體（背面）

⑦袋口滾邊

**栅欄圖案的
外出用提包
&手機袋**

材料
**提包** 拼布用布…黃色系·
咖啡色系·藍色系·綠色系
碎布、本體·底部·提把
用布54x54cm、滾邊(斜布
條)用布3.5x220cm、舖棉
54x52cm、裡布40x80cm、
寬約15x高10cm的竹製提把
1組
**手機袋** 拼布用布…印花
布4種、本體20x20cm、
滾邊·繩子·環(各斜布
條)3.5x70cm、舖棉·裡布
各14x16cm、活動鉤1個

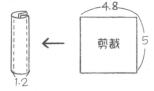

**裹提把用布** 4根

4.8

剪裁

5

1.2

折四折
邊緣以縫紉機車縫

**手機袋**

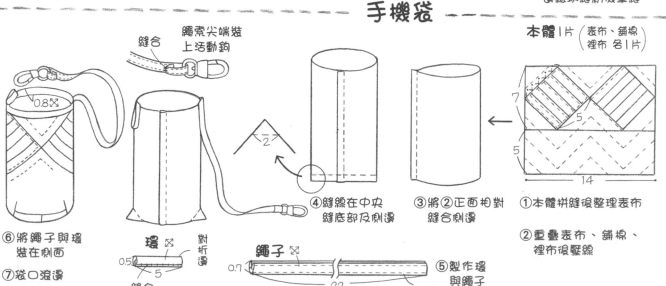

縫合

繩索尖端裝
上活動鉤

0.8

2

④縫線在中央
縫底部及側邊

③將②正面相對
縫合側邊

**本體** 1片（表布、舖棉、裡布 各1片）

7

5

5

14

①本體拼縫後整理表布

②重疊表布、舖棉、
裡布後壓線

⑥將繩子與環
裝在側面

⑦袋口滾邊

**環**

0.5

5

對折後縫合

縫合

**繩子**

0.7

22

對折邊

⑤製作環
與繩子

58

**提包** 本體(表布、舖棉、裡布各1片) 提把(表布、舖棉、格子布各2片)

六角形實物大紙型

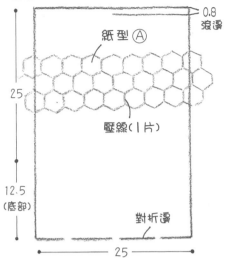

紙型 Ⓐ

壓線(1片)

25

12.5
(底部)

0.8
滾邊

對折邊

25

拼縫橫9個與10個六角形的圖樣縫29列
重疊舖棉、裡布後壓線

48

0.7

0.8
滾邊

間隔1.8

5

Ⓐ
Ⓑ

側邊(表布、舖棉、裡布各2片)

0.8 滾邊

0.8

2.5

25

25

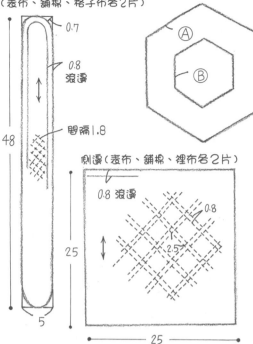

提把與側邊各自與舖棉、裡布重疊後壓線。
側邊裡布多留縫份(2~3cm),作為事後縫份處理使用

14
第14頁

# 六角形圖案的
# 托特包&手機袋

材料 (提包)

**提包** 拼布用布…深咖啡色系‧咖啡色系‧藍色系‧紅棕色系‧深綠色系小圖案印花碎布‧滾邊‧環(斜布條)…粉色格子布3.5x380cm、側邊‧提把裡布…粉色格子布48x64cm、提把…咖啡色底黑色格子15x50cm、裡布‧舖棉各90x80cm、直徑2.5cm的鈕扣6顆

**手機袋** 貼布縫用布…紅棕色系、黃色系、深綠色系小圖案印花碎布、本體‧側邊…粉色格子布41x15cm、滾邊(斜布條)用布…粉色格子布3.5x120cm、裡布‧舖棉各20x50cm、直徑1.2cm的暗扣1組

**手機袋** 本體(表布、舖棉、裡布各1片)

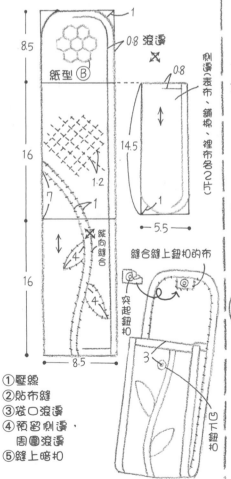

8.5

紙型 Ⓑ

0.8 滾邊

0.8

16

1.2

7

1

16

8.5

①壓線
②貼布縫
③袋口滾邊
④預留側邊,
　周圍滾邊
⑤縫上暗扣

側邊(表布、舖棉、裡布各2片)

14.5

1

5.5

縫合縫上鈕扣的布

突起鈕扣

折四折後縫合

15

6

0.8

①縫合本體與側邊
縫份。以側邊裡布裹起後縫合

②袋口滾邊

裡布(正面)

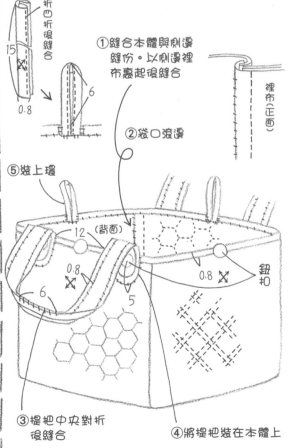

⑤裝上環

12 (背面)

0.8

6

5

0.8

鈕扣

③提把中央對折
後縫合

④將提把裝在本體上

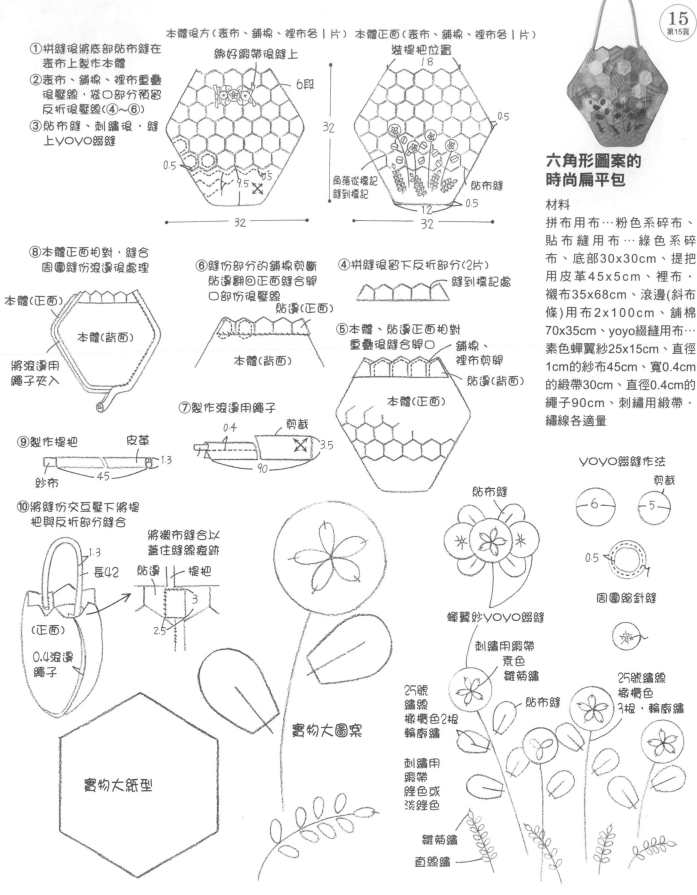

①拼縫後將底部貼布縫在表布上製作本體
②表布、鋪棉、裡布重疊後壓線,從口部分預留反折後壓線(④~⑥)
③貼布縫、刺繡後,縫上yoyo綴縫

本體後方(表布、鋪棉、裡布各1片)

綁好緞帶後縫上

6段

32

0.5

0.5

1.5

32

本體正面(表布、鋪棉、裡布各1片)

裝提把位置

18

0.5

貼布縫

角落從標記縫到標記

12

0.5

32

六角形圖案的時尚扁平包

材料

拼布用布…粉色系碎布、貼布縫用布…綠色系碎布、底部30x30cm、提把用皮革45x5cm、裡布・襯布35x68cm、滾邊(斜布條)用布2x100cm、鋪棉70x35cm、yoyo綴縫用布…素色蟬翼紗25x15cm、直徑1cm的紗布45cm、寬0.4cm的緞帶30cm、直徑0.4cm的繩子90cm、刺繡用緞帶・繡線各適量

⑧本體正面相對,縫合周圍縫份滾邊後處理

本體(正面)

本體(背面)

將滾邊用繩子夾入

⑥縫份部分的鋪棉剪斷貼邊翻回正面縫合睜口部份後壓線

貼邊(正面)

本體(背面)

④拼縫後留下反折部分(2片)

縫到標記處

⑤本體、貼邊正面相對重疊後縫合睜口

鋪棉、裡布剪睜

貼邊(背面)

本體(正面)

⑨製作提把

皮革

紗布

45

1.3

⑦製作滾邊用繩子

0.4

剪裁

90

3.5

⑩將縫份交互壓下將提把與反折部分縫合

1.3

長42

(正面)

0.4滾邊繩子

將襯布縫合以蓋住縫線痕跡

貼邊

提把

3

2.5

實物大圖案

貼布縫

蟬翼紗yoyo綴縫

刺繡用緞帶素色雛菊繡

25號繡線橄欖色2根輪廓繡

刺繡用緞帶綠色或淡綠色

雛菊繡

直線繡

貼布縫

25號繡線橄欖色3根,輪廓繡

yoyo綴縫作法

剪裁

6

5

0.5

周圍縮針縫

實物大紙型

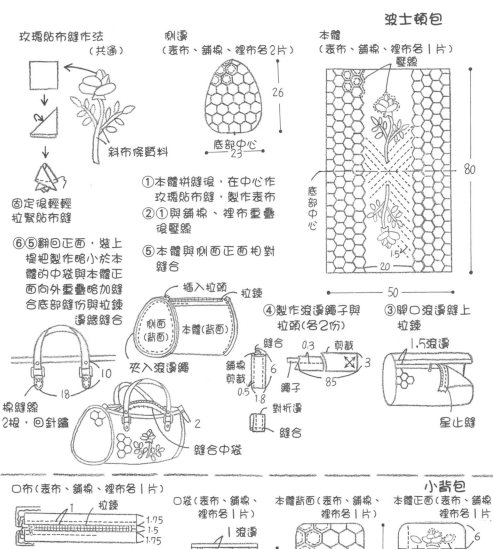

玫瑰貼布縫作法
（共通）

斜布條質料

固定後輕輕
拉緊貼布縫

側邊
（表布、舖棉、裡布各2片）

底部中心
23

26

波士頓包

本體
（表布、舖棉、裡布各1片）
壓線

底部中心

80

1.5

20

50

①本體拼縫後，在中心作
玫瑰貼布縫，製作表布
②①與舖棉、裡布重疊
後壓線
⑤本體與側面正面相對
縫合

⑥⑤翻回正面，裝上
提把製作略小於本
體的中袋與本體正
面向外重疊略加縫
合底部縫份與拉鍊
邊緣縫合

插入拉頭　拉鍊

側面
（背面）
本體（背面）

夾入滾邊繩

10
18

棉縫線
2根，回針縫

縫合中袋

2

④製作滾邊繩子與
拉頭（各2份）

縫合
6
舖棉
剪裁
0.5　1.8

繩子
對折邊
縫合

0.3　剪裁
85　X　3

③眼口滾邊縫上
拉鍊

1.5滾邊

星止縫

---

六角形圖案
與花朵貼布縫
的旅行組合

材料

**旅行用手提包** 拼布・貼布縫用布…咖啡色系・紅棕色系・粉色系・深綠色系碎布、本體中央…粉色系印花布80x25cm、滾邊（斜布條）用布…口布與蓋子用5x120cm・側邊用3x160cm・裡布・舖棉・中袋用布各90x90cm、直徑0.3cm的繩子160cm、長47cm的拉鍊1條、寬2cm的皮製提把60cm1組

**小背包** 拼布・貼布縫用布…適量、本體正面…粉色系印花布30x20cm、側邊・環用布60x25cm、滾邊（斜布條）…袋口用4x20cm、側邊用2x160cm、裡布90x40cm、舖棉60x35cm、直徑0.3cm的繩子160cm、長25cm、15cm的拉鍊各1條、寬2cm的附活動鉤皮製肩背帶1根

**波奇包** 貼布縫用布適量、本體布30x25cm、滾邊（斜布條）用布5x90cm、裡布・舖棉・中袋用布各30x25cm、長25cm的拉鍊1條

※作法請參閱55頁

---

口布（表布、舖棉、裡布各1片）
拉鍊
1.75
1.5
1.75
26

口袋（表布、舖棉、裡布各1片）
1滾邊
17

本體背面（表布、舖棉、裡布各1片）
16
17

本體正面（表布、舖棉、裡布各1片）
縫拉鍊位置
壓線
6
22
2
17
2
2

小背包

側邊（表布、舖棉、裡布各1片）
1.5
5
50

⑥本體、側邊正面相對縫合

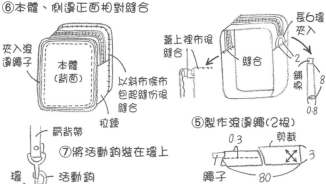

夾入滾邊繩子

本體
（背面）

以斜布條布
包起縫合縫份後
縫合

拉鍊

肩背帶

⑦將活動鉤裝在環上

環　活動鉤

④口布、側邊裝在環上

長6環
夾入

蓋上裡布後
縫合

縫合

2
8
舖棉
0.8

⑤製作滾邊繩（2根）

0.3　剪裁
1　X　3
繩子　80

①本體正面貼布縫，本體
背面、口袋拼縫
②①各自與舖棉、裡布重
疊後壓線袋口滾邊口布
部分，將拉鍊夾在表
布、裡布間壓線
③本體正面裝上拉鍊、口袋

星止縫

千鳥縫

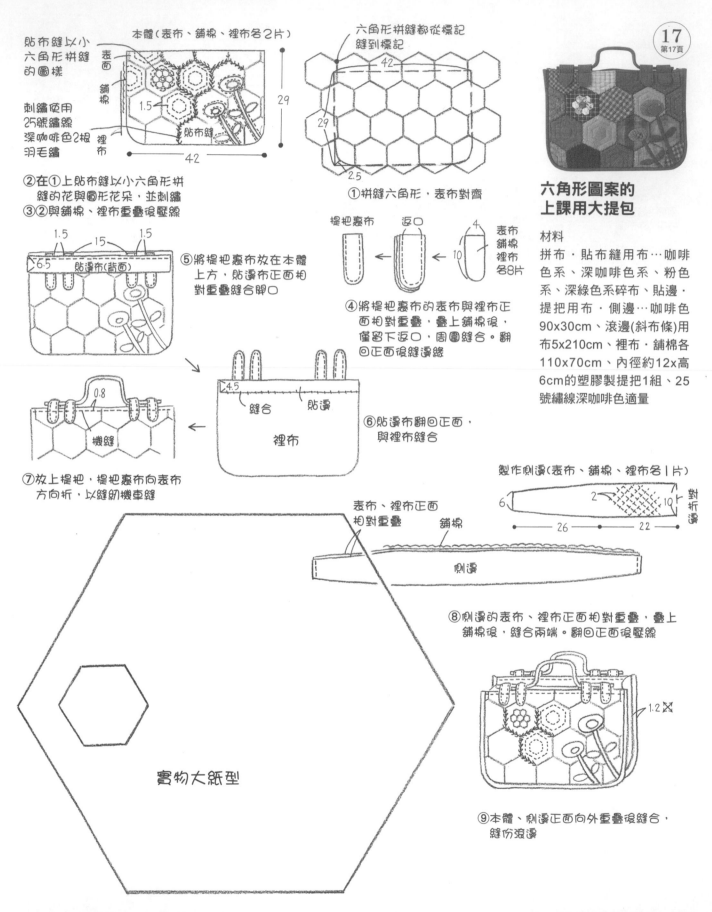

貼布縫以小六角形拼縫的圖樣

本體（表布、鋪棉、裡布各2片）

表面
鋪棉
裡布

1.5

貼布縫

29

42

刺繡使用25號繡線深咖啡色2根羽毛繡

②在①上貼布縫以小六角形拼縫的花與圓形花朵，並刺繡
③②與鋪棉、裡布重疊後壓線

六角形拼縫都從標記縫到標記

42

29

2.5

①拼縫六角形，表布對齊

## 六角形圖案的上課用大提包

材料
拼布·貼布縫用布…咖啡色系、深咖啡色系、粉色系、深綠色系碎布、貼邊·提把用布·側邊…咖啡色90x30cm、滾邊(斜布條)用布5x210cm、裡布·鋪棉各110x70cm、內徑約12x高6cm的塑膠製提把1組、25號繡線深咖啡色適量

1.5  15  1.5
6.5
貼邊布(背面)

⑤將提把裏布放在本體上方，貼邊布正面相對重疊縫合開口

提把裏布  返口

4

表布
鋪棉
裡布各8片

10

④將提把裏布的表布與裡布正面相對重疊，疊上鋪棉後，僅留下返口，周圍縫合。翻回正面後縫邊線

0.8

機縫

⑦放上提把，提把裏布向表布方向折，以縫紉機車縫

4.5
縫合  貼邊
裡布

⑥貼邊布翻回正面，與裡布縫合

製作側邊(表布、鋪棉、裡布各1片)

6  2  10
26  22

表布、裡布正面相對重疊  鋪棉

側邊

⑧側邊的表布、裡布正面相對重疊，疊上鋪棉後，縫合兩端。翻回正面後壓線

實物大紙型

1.2

⑨本體、側邊正面向外重疊後縫合，縫份滾邊

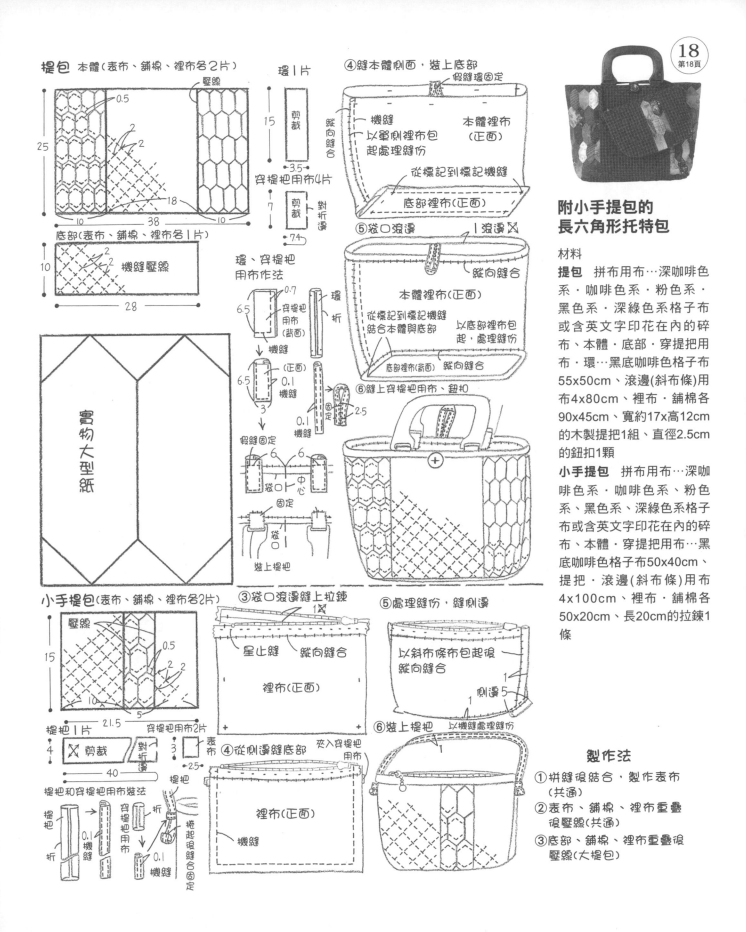

提包 本體 (表布、舖棉、裡布各2片)

0.5
25
2
18
10 38 10
壓線

底部 (表布、舖棉、裡布各1片)
2
10 機縫壓線
28

環 1片
15 剪裁
3.5
穿提把用布4片
7 剪裁
7.4
縱向縫合
對折邊

環、穿提把用布作法
0.7
6.5 穿提把用布 (背面)
環折
機縫 (正面)
6.5 0.1機縫
3
0.1機縫
2.5
假縫固定
6 6
袋口中心固定
裝上提把

實物大型紙

④縫本體側面，裝上底部
假縫環固定
機縫
以單側裡布包起處理縫份
本體裡布 (正面)
從標記到標記機縫
底部裡布 (正面)

⑤袋口滾邊 1滾邊
縱向縫合
本體裡布 (正面)
從標記到標記機縫結合本體與底部
以底部裡布包起，處理縫份
底部裡布 (背面) 縱向縫合

⑥縫上穿提把用布、鈕扣

附小手提包的
長六角形托特包

材料
**提包** 拼布用布…深咖啡色系・咖啡色系・粉色系・黑色系・深綠色系格子布或含英文字印花在內的碎布・本體・底部・穿提把用布・環…黑底咖啡色格子布55x50cm、滾邊(斜布條)用布4x80cm、裡布・舖棉各90x45cm、寬約17x高12cm的木製提把1組、直徑2.5cm的鈕扣1顆

**小手提包** 拼布用布…深咖啡色系・咖啡色系、粉色系、黑色系、深綠色系格子布或含英文字印花在內的碎布・本體・穿提把用布…黑底咖啡色格子布50x40cm、提把・滾邊(斜布條)用布4x100cm、裡布・舖棉各50x20cm、長20cm的拉鍊1條

小手提包 (表布、舖棉、裡布各2片)
壓線
15
0.5
2 2
10
5
21.5

提把1片
4 剪裁 對折邊
40

穿提把用布2片
3 表布
2.5

提把和穿提把用布裝法
提把 折
穿提把用布 折
0.1機縫
折
0.1機縫
捲起後固定

③袋口滾邊縫上拉鍊
1
星止縫 縱向縫合
裡布 (正面)

④從側邊縫底部
夾入穿提把用布
裡布 (正面)
機縫

⑤處理縫份，縫側邊
以斜布條布包起後縱向縫合
1
側邊5
1

⑥裝上提把
以機縫處理縫份
1

**製作法**
① 拼縫後結合，製作表布 (共通)
② 表布、舖棉、裡布重疊後壓線(共通)
③ 底部、舖棉、裡布重疊後壓線(大提包)

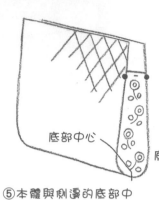

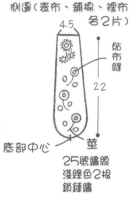

側邊(表布、舖棉、裡布各2片)

4.5

貼布縫

22

莖

25號繡線
淺鯉色2根
鎖鏈繡

本體(表布、舖棉、裡布各1片)

提包

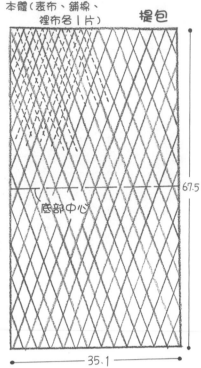

67.5

底部中心

35.1

底部中心

⑤本體與側邊的底部中心正面相對重疊縫合
有●標記處請縫到縫份盡頭
※剪裁與本體一樣大小的中袋用布

③將花貼布縫在底布上，刺繡並整理頂端
④表布、舖棉、裡布重疊後壓線

①拼縫後整理表面
②表布、舖棉、裡布重疊後壓線

19
第19頁

## 菱形圖案的民族風
## 手提包&波奇包

材料

**提包** 拼布用布…粉紅色系・深綠色系・粉色系・白蕾絲質地碎布、貼布縫用布適量、中袋用布40x90cm、裡布・舖棉各40x90cm、寬約25cm的木製提把1組、25號繡線淺綠色適量

**波奇包** 拼布用布…與提包相同、提把・滾邊(斜布條)用布・圓形布30x30cm、裡布・舖棉各20x40cm、長15cm的拉鍊1條、厚紙5x10cm

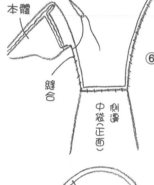

本體

縫合

開口部分

中袋(正面)

側邊

⑥將中袋放入本體內，側面部分折到完成線後縫合
保留開口部分

本體 **波奇包**
(表布、舖棉、裡布各1片)1X

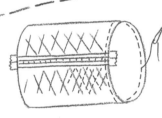

④開口部分縫上拉鍊
⑤側邊固定

兩側的圓形部分

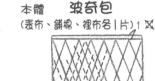

5

33.75

15.4

1

①拼縫後整理表布
②表布、舖棉、裡布重疊後壓線
③開口部分滾邊

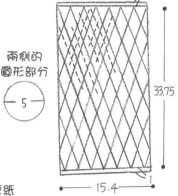

厚紙
舖棉
布(背面)

5

⑦製作兩側的圓形部分
剪裁直徑7的圓形，
周圍縫起，疊上舖棉、厚紙後，拉緊線

提把

22

縫合

⑦將提把插入開口部分，返折後縫合固定

⑥將拉線拉緊

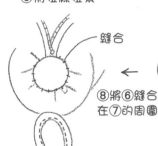

縫合

⑧將⑥縫合在⑦的周圍

⑩將提把插進⑧的對面，縫合⑦的周圍

提把 1根

1

28

⑨將布折四折，製作提把

★圖樣與貼布縫的實物大紙型在A面 64

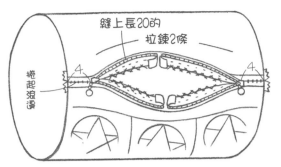

縫上長20的
拉鍊2條

捲起滾邊

④對齊本體開口，滾邊時縫上拉鍊

**側邊**（表布、鋪棉、裡布各2片）

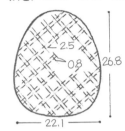

2.5
0.8
26.8
22.1

⑤側邊的表布、鋪棉、裡布
重疊後壓線
⑥側邊口袋的表布、鋪棉、
裡布重疊後壓線
⑦⑥上方滾邊
⑧側邊、側邊口袋重疊後
縫上拉鍊
⑨周圍假縫固定

**側邊口袋**

表布、鋪棉、
裡布 各2片

0.9
16

壓線

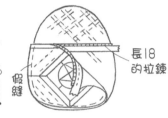

長18
的拉鍊

假縫

**肩背帶**（表布、布襯 各2片）

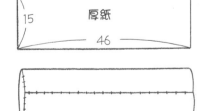

8
剪裁 2片 貼上布襯
140

**底部墊子**

15 厚紙
46

㉓準備底部墊子用厚紙
㉔以40x50左右的布料與鋪棉
包起厚紙後縫合
㉕鋪在本體底部

---

波士頓包

**本體**（表布、鋪棉、裡布各1片）

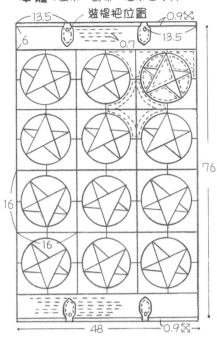

裝提把位置
13.5  0.9
6  0.7  13.5
16
16
76
16
48  0.9

①本體拼縫後整理表布
②表布、鋪棉、裡布重疊後
壓線
③上下部分（開口部分）滾邊

⑰肩背帶用布
貼上布襯
⑱縫在環上，機
縫邊緣
⑲繩子兩端留下
適宜長度裝活
動鉤

穿D環
拉頭
滾邊繩

⑮在⑨周圍假縫滾邊用
⑯⑮上方縫上拉頭與穿
D環用布

⑳④與⑯正面相對重疊
後縫合
㉑本體背面縫上加強用
布，再縫上提把
㉒將活動鉤裝
在D環上，
再裝上肩背
帶

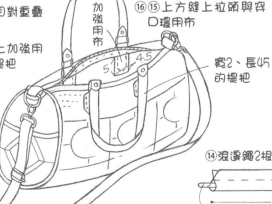

加強用布
寬2、長45
的提把
5  4.5

---

**五角星圖案的
大型波士頓包**

材料
拼布用布…紅色系、深藍色
系印花布、口布·側邊·
肩背帶70x70cm、滾邊·
側邊口袋·穿D環用布·拉
頭…40x60cm、裡布·
鋪棉各78x103cm、布襯
16x140cm、直徑0.3cm的
滾邊繩180cm、皮製提把
45cm1組、D環直徑3cm2
個、3cm活動鉤2個、厚紙
15x46cm、長18cm與20cm
的拉鍊各2條

**拉頭**
（表布、鋪棉、裡布各2片）

2  2.5
4.5

⑩將拉頭布料正面相對，
疊上鋪棉後，留下返
口，其餘部分縫合
⑪翻回正面後壓線

**穿D環用布**（表布2片）

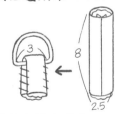

3  8
2.5

⑫將布縫在環上，
中間塞進鋪棉
⑬對折，裝上D環，
側面縫合

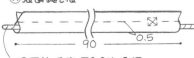

⑭滾邊繩2根
90  0.5

裡面放進直徑0.3的棉繩

65 ★實物大紙型在A面

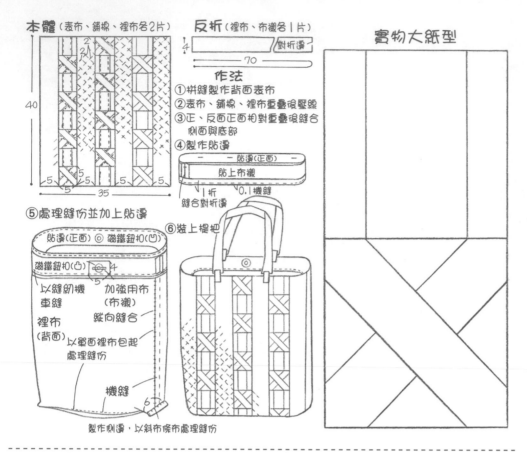

**本體**（表布、鋪棉、裡布各2片）　　**反折**（裡布、布襯各1片）

40

5　5　2　5　5
　5　35

**作法**
①拼縫製作背面表布
②表布、鋪棉、裡布重疊後壓線
③正、反面正面扣對重疊後縫合側面與底部
④製作貼邊

貼邊（正面）
貼上布襯
　折　0.1機縫
縫合對折邊

⑤處理縫份並加上貼邊

貼邊（正面）◎磁鐵鈕扣（凹）
磁鐵鈕扣（凹）4
以縫紉機車縫　加強用布（布襯）
裡布（背面）縱向縫合
以單面裡布包起處理縫份
機縫
6
製作側邊，以斜布條布處理縫份

⑥裝上提把

**實物大紙型**

**20**
第20頁

### 色紗格子布的
### 雅緻縱長手提包

**材料**
本體‧拼布用布…粉色系與灰色絣風格素色布料各15x45cm‧素色底粉色格子布90x20cm‧深咖啡色系與深綠色系等碎布、裡布90x60cm、鋪棉90x45cm、磁鐵鈕扣1組、寬1.6~2.8x長30公分的皮製提把1組

---

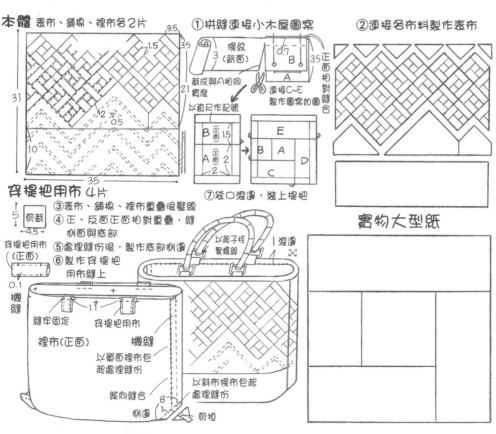

**本體** 表布、鋪棉、裡布各2片

3.5
1.5　3.5
31　　　　3.5
21
2　X
0.5
10
35

①拼縫連接小木屋圖案
條紋（背面）
3
裁成與A相同寬度
以直尺作記號
B（正面）1.5
A（正面）2
2

連接C~E製作圖案如圖
B　A　D
C　E

②連接各布料製作表布

**穿提把用布** 4片
5　剪裁
4.5
穿提把用布（正面）
0.1機縫

③表布、鋪棉、裡布重疊後壓線
④正、反面正面扣對重疊，縫側面與底部
⑤處理縫份後，製作底部側邊
⑥製作穿提把用布縫上

⑦袋口滾邊，裝上提把

**實物大型紙**

縫牢固定　穿提把用布
裡布（正面）　機縫
以單面裡布包起處理縫份
縱向縫合
8　側邊
以斜布條布包起處理縫份
剪掉

**22**
第22頁

### 小木屋圖案的
### 時尚托特包

**材料**
本體‧拼布用布‧滾邊(斜布條)用布‧穿提把用布…素黑布90x80cm‧粉色與深紅色類碎布、裡布‧鋪棉各90x40cm、寬約15x高14cm的竹製提把1組

本體（表布、舖棉、裡布各2片）

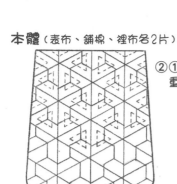

②①與舖棉、裡布
重疊後壓線

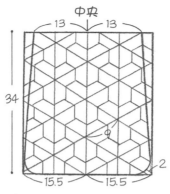

①組合內城圖案，頂端對齊

③側邊表布、舖棉、裡布
重疊後壓線

## 內城圖案的
## 半肩背包

材料
拼布用布…咖啡色系‧粉色
系碎布‧側邊‧貼邊布…淺
咖啡色55x55cm、裡布‧舖
棉各48x100cm、滾邊繩…
咖啡色205cm、寬2cm的皮
製提把約60cm、磁鐵鈕扣1
組、厚紙7.5x28cm

側邊（表布、舖棉、裡布各2片）

中袋

磁鐵鈕扣

貼邊布2片

⑤縫合中袋
布與貼邊
布，單方
縫上內袋

中袋布 2片

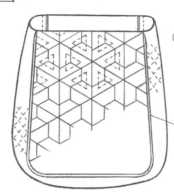

④一邊插入滾邊
繩，一邊將本
體、側邊正面相
對重疊後縫合

直徑0.3的
合成皮革
滾邊繩子

市售提把

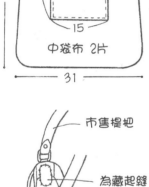

為藏起縫
線，縫上
襯布

⑨將提把縫在側邊

⑦中袋作法與本體相
同，此時底部留下
一個返口

⑧④與⑦正面相對
重疊，縫合開口
部分，從返口翻
回正面

中袋側邊 1片

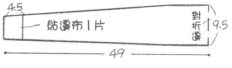

貼邊布1片

⑥中袋側邊兩端
加上貼邊布

底部墊子 1片

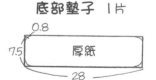

厚紙

⑩剪底部墊子用厚紙

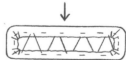

⑪剪12x33的布料周
圍縫合包起厚紙，
拉緊線並加上經線製
作墊子，放進背包中

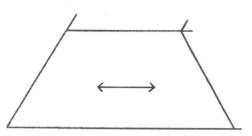

實物大紙型

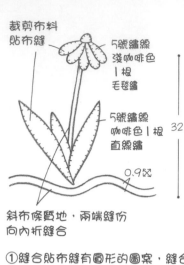

裁剪布料
貼布縫

5號繡線
淺咖啡色
1根
毛毯繡

5號繡線
咖啡色1根
直線繡

0.9∞

斜布條質地，兩端縫份
向內折縫合

①縫合貼布縫有圓形的圖案，縫合上下布料，
　作花朵貼布縫、刺繡，製作表布
②①、舖棉、裡布重疊後壓線
③縫合底部
④與②一樣，壓線

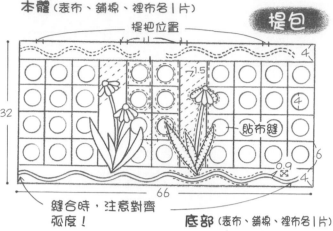

本體（表布、舖棉、裡布各1片）

提把位置

1.5

4

32

66

貼布縫

0.9∞

4

6

縫合時，注意對齊
弧度！

提包

鄉村風格的
方形・圓形圖案
手提包＆波奇包

材料
提包　拼布・貼布縫用布…
各色碎布、本體…粉色系
90x30cm、裡布・舖棉各
90x32cm、底部用塑膠板
12.5x21.3cm、磁鐵鈕扣1
組、5號繡線適量、寬約17x
高14cm的木製提把1組
波奇包　拼布用布…與提
包相同布料適量、本體…
粉色系25x32cm、滾邊
（斜布條）用布4x150cm・
2.5x50cm、滾邊繩50cm、
裡布24x30cm、長20cm的
拉鍊1條

底部（表布、舖棉、裡布各1片）

1

1.5

13

21.7

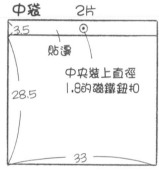

中袋　2片

3.5

貼邊

中央裝上直徑
1.8的磁鐵鈕扣

28.5

33

⑦中袋布裝上貼邊
　布，2片正面相
　對重疊後，縫合
　兩端
⑧準備與底部大小
　相同的中袋布料
⑨將⑦、⑧正面相
　對重疊，留下返
　口後縫合

本體
（背面）

底部（背面）

⑤本體正面相對
　折，縫合側面
⑥將⑤與底部正面
　相對重疊縫合

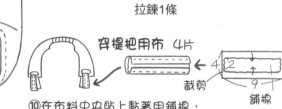

穿提把用布　4片

4
2
9
裁剪
舖棉

⑩在布料中央貼上黏著用舖棉，
　折起兩端，以縫紉機車縫

本體背面
（表布、舖棉、裡布各1片）

1.5

1.3

貼布縫

1

22

裝上拉鍊

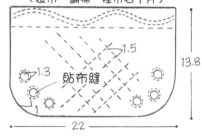

縫中袋

1∞

0.4∞

滾邊繩

0.4　繩子
50

本體正面
（表布、舖棉、裡布各1片）

波奇包

2.5
4.4

3

貼布縫

13.8

2.5　1.5

1.8　22

①本體作貼布縫，製作表布。表
　布、舖棉、裡布重疊後壓線
②製作滾邊繩，夾入其中，將本
　體正、反面正面相對重疊，縫
　合側面、底部
③開口滾邊，裝上拉鍊
④中袋尺寸、作法與本體相同，
　與拉鍊邊緣縫合

底部墊子

厚紙　1片

12.5

21.3

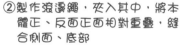

⑫準備厚紙，17.5x26.5
　的布料周圍縫合，將
　厚紙放入其中，拉線
　拉緊並加上經線

⑬將⑫放入底部

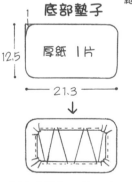

本體（背面）

提把

中袋（背面）

返口

⑪插入提把，將本體、中
　袋正面相對重疊後縫合
　開口處從返口翻回正面
　後，縫合開口

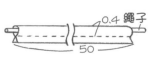

底部 1片（表布、舖棉、裡布各 1片）

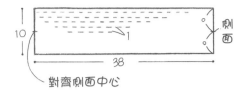

10 ┤├ 側面

1

38

對齊側面中心

①本體作貼布縫，拼縫製作表布

②表布、舖棉、裡布重疊後壓線，作刺繡

③底部與表布、舖棉、裡布重疊後以縫紉機壓線

本體 2片（表布、舖棉、裡布各 2片）

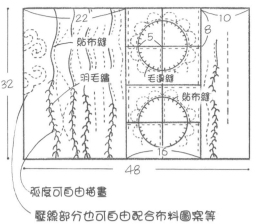

22　　　　　　10

貼布縫
羽毛繡　　5　8
　　　　毛邊繡
　　　貼布縫

32

16

48

弧度可自由描畫

壓線部分也可自由配合布料圖案等

♥ 刺繡使用25號繡線
　同時穿橘色、淺綠、藍色2根線刺繡

④本體正面相對，縫合兩側

⑤④與底部正面相對縫合

⑥眡口處滾邊

⑦滾邊時裝上拉鍊

## 當代拼布的
## 大型提包

材料

**藍色** 拼布用布…深藍色系・白色系、藍色系・紫色系・藍黃格子碎布・提把・底部・滾邊(斜布條)用布40x80cm、中袋用布…50x90cm、裡布・舖棉各50x90cm、長45cm的拉鍊1條、直徑1.7cm的鈕扣4顆

**黑色** 拼布用布…黑色系印花布各類、白底碎布、其他同藍色

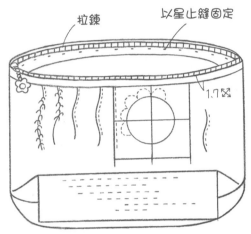

拉鍊　　　以星止縫固定

1.7㎝

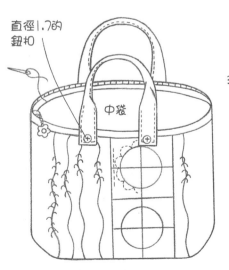

直徑1.7的
鈕扣

中袋

⑪本體裝上提把與鈕扣

⑫縫合中袋與拉鍊邊緣

中袋

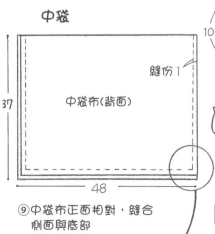

縫份1

中袋布(背面)

37

48

⑨中袋布正面相對，縫合側面與底部

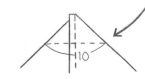

10

⑩製作中袋底部的側邊

⑧製作提把2根

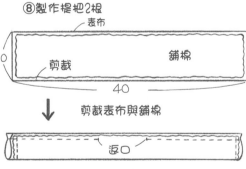

表布
10　　　　　　舖棉
剪裁

40

剪裁表布與舖棉

↓

返口

正面相對重疊後，留下返口，其餘部分縫合。剪掉舖棉的縫份

↓

翻回正面，縫合眡口，周圍以縫紉機車縫

↓

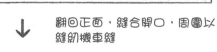

16

中央部分對折後縫合

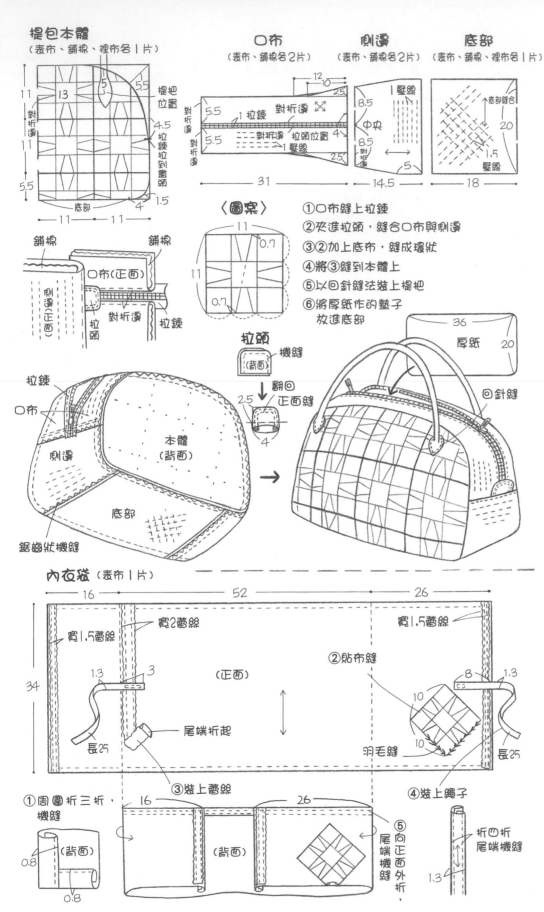

## 提包本體
（表布、鋪棉、裡布各1片）

13　5　5.5
11
11
對折鋪棉
5.5
提把位置
4.5
拉鍊拉到畫頭
底部
11　11
4　1.5

鋪棉　鋪棉

口布（正面）
側邊（正面）
對折邊
拉頭　拉鍊

拉鍊
口布
側邊
本體（背面）
底部
鋸齒狀機縫

## 口布
（表布、鋪棉各2片）

12　10
2.5
5.5　1拉鍊　對折邊
5.5　對折邊　拉頭位置　4
鋪棉　1壓線
31

## 側邊
（表布、鋪棉各2片）

壓線
8.5　中央
8.5
2.5　5
14.5

## 底部
（表布、鋪棉、裡布各1片）

底部縫合
20
1.5
壓線
18

〈圖案〉
11
0.7
11
0.7
11

①口布縫上拉鍊
②夾進拉頭，縫合口布與側邊
③②加上底布，縫成環狀
④將③縫到本體上
⑤以回針縫法裝上提把
⑥將厚紙作的墊子放進底部

拉頭
機縫
（背面）
翻回
正面縫
2.5
4

36
厚紙　20

回針縫

## 小旅行用
## 波士頓包&內衣袋

材料

**提包** 拼布用布…粉色系‧灰色系‧深綠色系‧紅棕色系格子碎布、口布‧側邊‧底部…粉色底灰色格子90x100cm、裡布50x70cm、鋪棉90x100cm、長60cm的拉鍊1條、長55cm的皮製提把1組、厚紙20x36cm

**內衣袋** 本體‧繩子…藍色系格子布110x40cm、貼布縫用布適量、蕾絲…2cm寬36cm‧1.5寬72cm

## 內衣袋（表布1片）

16　52　26

寬2蕾絲
寬1.5蕾絲
34
1.3　3
長25
尾端折起
（正面）
②貼布縫
寬1.5蕾絲
8　1.3
10
10
羽毛縫
長25

①周圍折三折，機縫
0.8
（背面）
0.8

③裝上蕾絲
16
（背面）

26
⑤向正面外折，尾端機縫

④裝上繩子
折四折尾端機縫
1.3

70

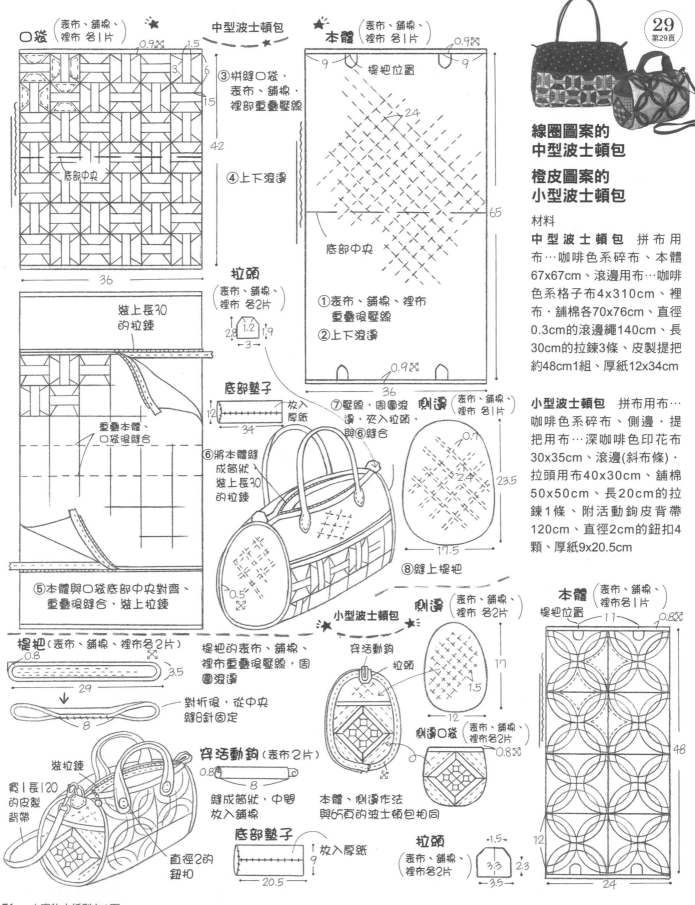

口袋（表布、鋪棉、裡布 各1片）

0.9

1.5

3

6

1.5

42

底部中央

36

中型波士頓包

③拼縫口袋，表布、鋪棉、裡部重疊壓線

④上下滾邊

本體（表布、鋪棉、裡布 各1片）

0.9

9

9

提把位置

2.4

65

底部中央

①表布、鋪棉、裡布重疊後壓線

②上下滾邊

36

0.9

裝上長30的拉鍊

拉頭（表布、鋪棉、裡布 各2片）

2.8

1.2

1.9

3

底部墊子

12

34

放入厚紙

⑦壓線，周圍滾邊，夾入拉頭，與⑥縫合

⑥將本體縫成筒狀，裝上長30的拉鍊

重疊本體、口袋後縫合

側邊（表布、鋪棉、裡布 各1片）

0.7

2.4

23.5

0.5

⑧縫上提把

⑤本體與口袋底部中央對齊、重疊後縫合，裝上拉鍊

17.5

提把（表布、鋪棉、裡布各2片）

0.8

3.5

29

對折後，從中央縫8針固定

8

小型波士頓包

提把的表布、鋪棉、裡布重疊後壓線，周圍滾邊

側邊（表布、鋪棉、裡布 各2片）

穿活動鉤

拉頭

17

1.5

12

側邊口袋（表布、鋪棉、裡布各2片）

0.8

本體、側邊作法與65頁的波士頓包相同

本體（表布、鋪棉、裡布各1片）

提把位置

11

1

0.8

48

12

24

裝拉鍊

寬1長120的皮製背帶

穿活動鉤（表布2片）

0.8

8

縫成筒狀，中間放入鋪棉

直徑2的鈕扣

底部墊子

9

放入厚紙

20.5

拉頭（表布、鋪棉、裡布各2片）

1.5

3.3

2.3

3.5

★ 線圈圖案的中型波士頓包

橙皮圖案的小型波士頓包

材料

中型波士頓包 拼布用布…咖啡色系碎布、本體67x67cm、滾邊用布…咖啡色系格子布4x310cm、裡布・鋪棉各70x76cm、直徑0.3cm的滾邊繩140cm、長30cm的拉鍊3條、皮製提把約48cm1組、厚紙12x34cm

小型波士頓包 拼布用布…咖啡色系碎布、側邊・提把用布…深咖啡色印花布30x35cm、滾邊(斜布條)・拉頭用布40x30cm、鋪棉50x50cm、長20cm的拉鍊1條、附活動鉤皮背帶120cm、直徑2cm的鈕扣4顆、厚紙9x20.5cm

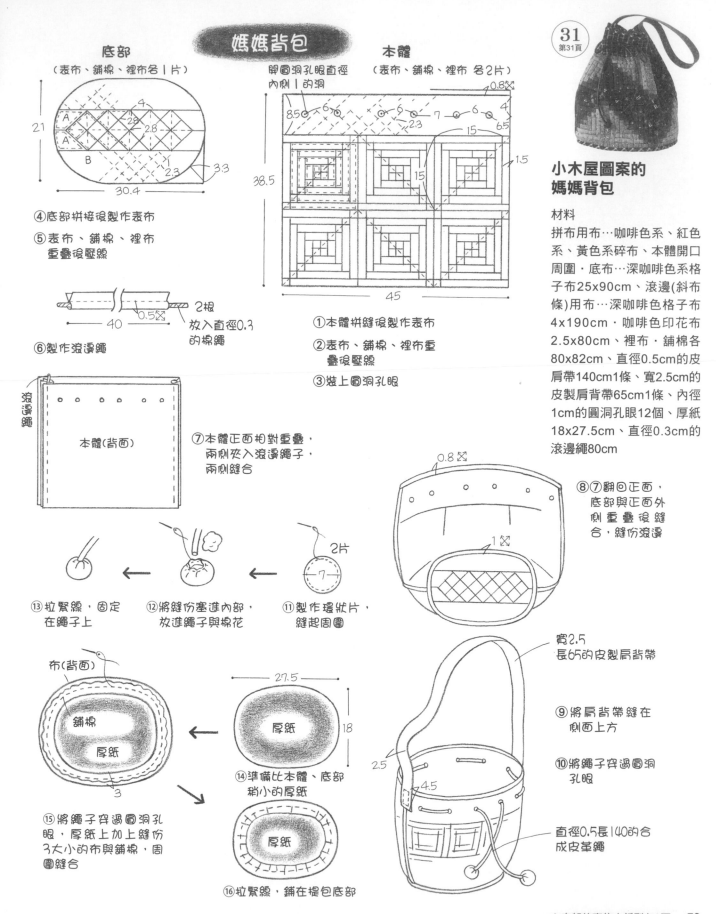

## 媽媽背包

### 底部
（表布、鋪棉、裡布各1片）

21

4
28
2.8
A
A
B
2.3
3.3
30.4

④底部拼接後製作表布

⑤表布、鋪棉、裡布
重疊後壓線

40
0.5
2根
放入直徑0.3
的棉繩

⑥製作滾邊繩

### 本體
（表布、鋪棉、裡布 各2片）

開圓洞孔眼直徑
內側1的洞

0.8
8.5
6
6
7
6
4
2.3
6.5
15
15
15
1.5
38.5
45

①本體拼縫後製作表布

②表布、鋪棉、裡布重
疊後壓線

③裝上圓洞孔眼

滾邊繩

本體（背面）

⑦本體正面相對重疊，
兩側夾入滾邊繩子，
兩側縫合

⑬拉緊線，固定
在繩子上

⑫將縫份塞進內部，
放進繩子與棉花

2片
7

⑪製作環狀片，
縫起周圍

布（背面）

鋪棉
厚紙

3

⑮將繩子穿過圓洞孔
眼，厚紙上加上縫份
3大小的布與鋪棉，周
圍縫合

27.5
厚紙
18

⑭準備比本體、底部
稍小的厚紙

厚紙

⑯拉緊線，鋪在提包底部

0.8

1

⑧⑦翻回正面，
底部與正面外
側重疊後縫
合，縫份滾邊

寬2.5
長65的皮製肩背帶

2.5
4.5

⑨將肩背帶縫在
側面上方

⑩將繩子穿過圓洞
孔眼

直徑0.5長140的合
成皮革繩

## 小木屋圖案的
## 媽媽背包

材料
拼布用布…咖啡色系、紅色
系、黃色系碎布、本體開口
周圍．底布…深咖啡色系格
子布25x90cm、滾邊(斜布
條)用布…深咖啡色格子布
4x190cm．咖啡色印花布
2.5x80cm、裡布．鋪棉各
80x82cm、直徑0.5cm的皮
肩帶140cm1條、寬2.5cm的
皮製肩背帶65cm1條、內徑
1cm的圓洞孔眼12個、厚紙
18x27.5cm、直徑0.3cm的
滾邊繩80cm

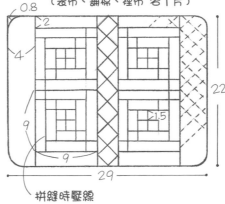

# 兒童健康手冊包

31
第31頁

## 口袋A
（表布、舖棉、裡布 各1片）

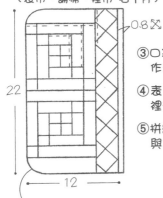

22

0.8☒

12

弧度與本體相同

③口袋A拼縫後製作表布

④表布、舖棉、裡布重疊

⑤拼縫時壓線弧度與本體相同

## 本體 1片
（表布、舖棉、裡布 各1片）

0.8

2

4

9

9

22

1.5

29

拼縫時壓線

①本體拼縫後製作表布

②表布、舖棉、裡布重疊後壓線

⑥口袋B①②拼縫後製作表布

⑦表布、舖棉、裡布重疊後壓線

⑧①上下滾邊　②上方滾邊

## 小木屋圖案的
## 兒童健康手冊包

材料
拼布用布…咖啡色系·綠色系·紅色系碎布、滾邊(斜布條)用布…格子布3.5x200cm、裡布(含台布)62x48cm、舖棉·布襯各48x31cm、長20cm和45cm的拉鍊1條

## 口袋B①②
（表布、拼布用舖棉、裡布各2片）

① 0.8☒　　② 0.8☒

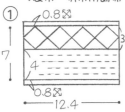 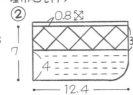

7　3　4　7　3　4

0.8☒

12.4　　12.4

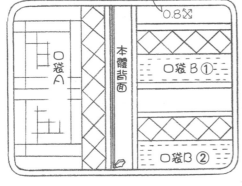

口袋A

本體背面

0.8☒

口袋B①

口袋B②

⑫本體裡側與⑩⑪重疊，周圍滾邊

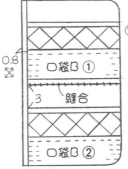

0.8☒

口袋B①

3　縫合

口袋B②

⑪在另一片口袋底布上放置口袋B①②，①的底部縫合

左側滾邊

口袋底布

布襯　縫合

22

24.8

⑨製作口袋底布

將貼上布襯的布正面朝外對折

製作2片

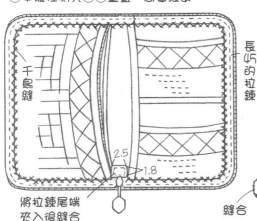

千鳥縫

長45的拉鍊

2.5　1.8

將拉鍊尾端夾入後縫合

⑬長45的拉鍊自中央縫合到滾邊邊緣，尾端千鳥縫

以布包起拉鍊邊緣處理

⑭拉鍊拉頭的尾端加上一邊為2的六角形裝飾

2

縫合　　放入少量棉花

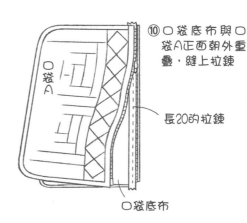

口袋A

長20的拉鍊

口袋底布

⑩口袋底布與口袋A正面朝外重疊，縫上拉鍊

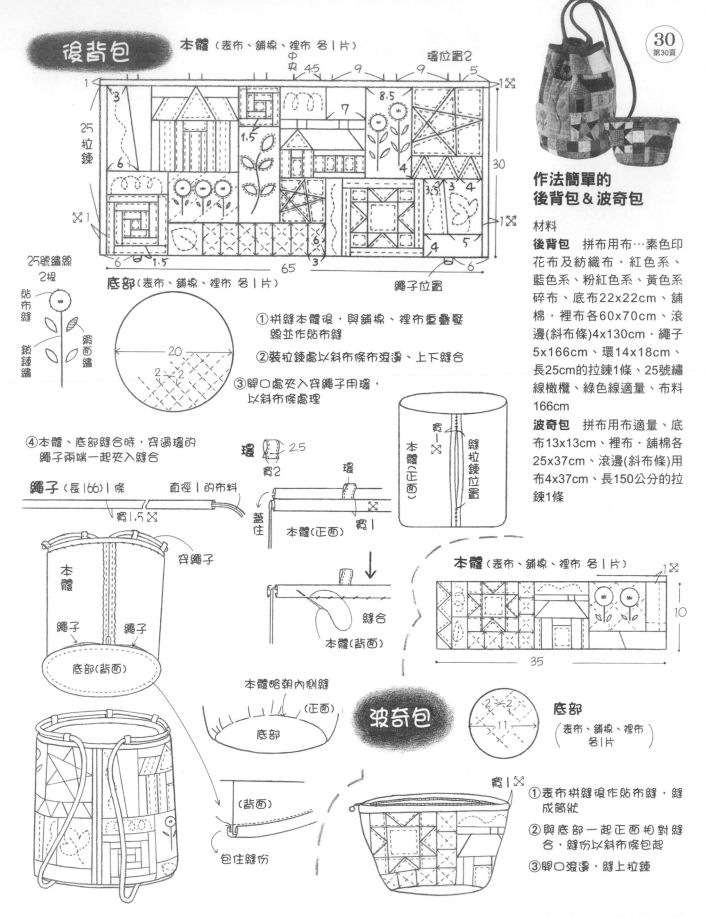

後背包

本體（表布、舖棉、裡布 各1片）

中央 4.5  9  9  環位置2  5

25拉鍊

65

底部（表布、舖棉、裡布 各1片）

20

2　2

25號繡線2根

貼布縫　鎖鍊繡　緞面繡

繩子位置

① 拼縫本體後，與舖棉、裡布重疊壓線並作貼布縫
② 裝拉鍊處以斜布條布滾邊、上下縫合
③ 甼口處夾入穿繩子用環，以斜布條處理

④ 本體、底部縫合時，穿過環的繩子兩端一起夾入縫合

繩子（長166）1條　直徑1的布料
寬1.5

環　2.5　寬2

蓋住　環

本體（正面）

本體（正面）
縫合
本體（背面）

本體（正面）　縫拉鍊位置

本體　穿繩子

繩子　繩子

底部（背面）

本體略朝內側縫

（正面）

底部

（背面）

包住縫份

波奇包

作法簡單的
後背包&波奇包

材料

後背包　拼布用布…素色印花布及紡織布·紅色系、藍色系、粉紅色系、黃色系碎布、底布22x22cm、舖棉·裡布各60x70cm、滾邊(斜布條)4x130cm·繩子5x166cm、環14x18cm、長25cm的拉鍊1條、25號繡線橄欖、綠色線適量、布料166cm

波奇包　拼布用布適量、底布13x13cm、裡布·舖棉各25x37cm、滾邊(斜布條)用布4x37cm、長150公分的拉鍊1條

本體（表布、舖棉、裡布 各1片）

35

10

底部
（表布、舖棉、裡布 各1片）

2　2
11

寬1

① 表布拼縫後作貼布縫，縫成筒狀
② 與底部一起正面相對縫合，縫份以斜布條包起
③ 甼口滾邊，縫上拉鍊

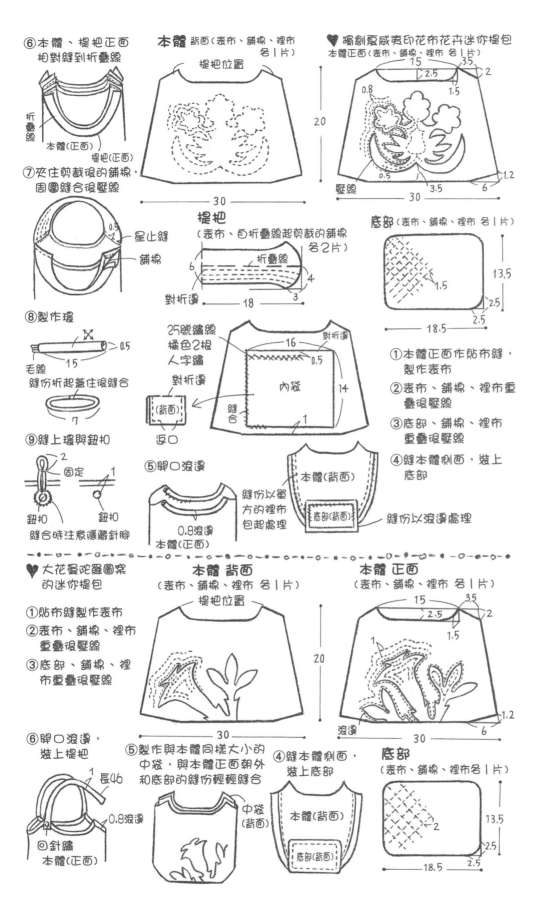

⑥本體、提把正面
相對縫到折疊線

折疊線
本體(正面)
提把(正面)

⑦夾住剪裁後的鋪棉，
周圍縫合後壓線

星止縫
0.5
鋪棉

⑧製作環
毛線
0.5
15
縫份折起蓋住後縫合
7

⑨縫上環與鈕扣
2
固定
1
鈕扣    鈕扣
縫合時注意隱藏針腳

本體 背面(表布、鋪棉、裡布 各1片)
提把位置
30
20

提把
(表布、自折疊線起剪裁的鋪棉 各2片)
折疊線
6
4
對折邊
18
3

25號繡線
橘色2根
人字繡
16
對折邊
0.5
對折邊
內袋
14
縫合
(背面)
返口
1

⑤開口滾邊
0.8滾邊
本體(正面)
縫份以單一方的裡布包起處理

♥獨創夏威夷印花布花卉迷你提包
本體正面(表布、鋪棉、裡布 各1片)
15    3.5
2.5    2
0.8    1.5
0.5
3.5    6    1.2
壓線
30

底部(表布、鋪棉、裡布 各1片)
1.5
13.5
2.5
2.5
18.5

①本體正面作貼布縫，製作表布
②表布、鋪棉、裡布重疊後壓線
③底部、鋪棉、裡布重疊後壓線
④縫本體側面，裝上底部

本體(背面)
底部(背面)
縫份以滾邊處理

♥大花曼陀羅圖案的迷你提包
①貼布縫製作表布
②表布、鋪棉、裡布重疊後壓線
③底部、鋪棉、裡布重疊後壓線
⑥開口滾邊，裝上提把
長46
1
0.8滾邊
回針縫
本體(正面)

⑤製作與本體同樣大小的中袋，與本體正面朝外和底部的縫份輕輕縫合
中袋(背面)

④縫本體側面，裝上底部
本體(背面)
底部(背面)

本體 背面(表布、鋪棉、裡布 各1片)
提把位置
30
20

本體 正面(表布、鋪棉、裡布 各1片)
15    3.5
2.5    2
1.5
1
滾邊
30    1.2    6

底部(表布、鋪棉、裡布各1片)
2
13.5
2.5
2.5
18.5

**獨創夏威夷印花布花卉迷你提包**

材料
貼布縫用布…素色格子布
18x20cm、本體・底部・
提把…咖啡色系的渲染布
料65x50cm、滾邊・環(斜
布條)…咖啡色系渲染布料
3x55cm、裡布・內袋・滾
邊(斜布條)用布75x50cm、
鋪棉70x50cm、直徑1.2cm
的鈕扣2顆、繡線・毛線適
量

★貼布縫的實物大紙型在B面

**大花曼陀羅圖案
的迷你提包**

材料
貼布縫用布…綠色系素色布
料30x25cm、本體・底部…
素色50x55cm、滾邊(斜布
條)用布3x60cm、裡布・鋪
棉・中袋用布各75x40cm、
寬1cm的皮製提把46cm1組

★貼布縫的實物大紙型在B面

②將①放到底布上假縫，
用針頭將縫傷塞進後
縫合

次 製作法

①布料折四折後描圖案，
再裁剪(以針固定以免布
料跑掉)

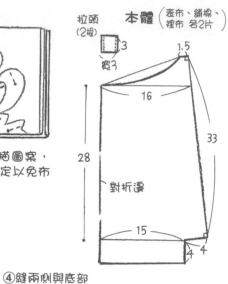

拉頭
(2根)

本體 (表布、舖棉、
裡布 各2片)

寬3 □ 3

1.5

16

33

28

對折邊

15

4 4

33
第33頁

夏威夷印花布
大提包

材料
貼布縫用布30x30cm、
本體‧裡布‧中袋‧拉
頭用布90x120cm、舖棉
80x40cm、磁鐵鈕扣1組、
寬約30x高26cm的竹製提把

③重疊表布、舖棉、裡布後壓線

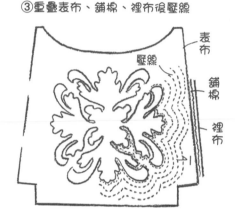

表布
壓線
舖棉
裡布

④縫兩側與底部

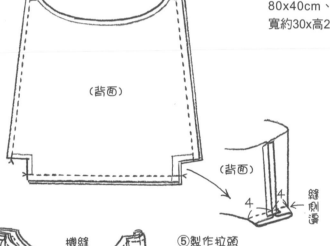

(背面)

(背面)

4 4 縫側邊

⑤製作拉頭

3

1.5 3折

5 對折

翻回正面

邊緣機縫

⑥中袋作法與④相同

⑧翻回正面後整理
(縫合中袋返口)

⑨裝上提把

磁鐵鈕扣

穿過鐶子後連接

⑦正面、中袋正面相對縫合開口處
(兩側夾入拉頭縫合)

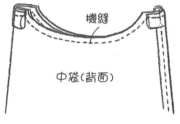

機縫

中袋(背面)

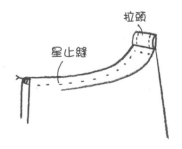

拉頭

星止縫

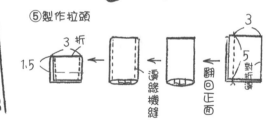

中袋(背面)

留下10左右不縫
(返口)

★貼布縫的實物大紙型在B面 76

①本體正面貼布縫

②①、舖棉、裡布重疊後壓線

③底部也是表布、舖棉、裡布重疊後壓線

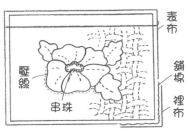
壓線
串珠
表布
舖棉
裡布

本體（表布、舖棉、裡布 各2片）
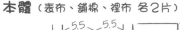
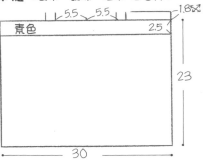
素色
5.5　5.5
1.8
2.5
23
30

**以雅緻花朵裝飾的簡單提包**

材料
本體・拉頭40x50cm、滾邊(斜布條)用布…5.6x65cm、拼布用布…素色10x32cm、貼布縫用布適量、裡布40x80cm、舖棉40x64cm、粉紅色串珠小13顆、底部用塑膠板10x20cm、寬約15x高10cm的木製提把1組

★貼布縫與壓線的實物大紙型在B面

⑥裝上提把

寬1.5
拉頭
折四折

⑤裝上底部
底部
本體（背面）
以斜布條包起
0.7

底部（表布、舖棉、裡布各1片）
2
10
20

④縫兩側
夾入內側
縫份以單側裡布包起
0.7
裡布

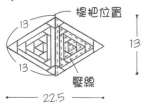

1.8
2.5
本體（正面）

---

口布（表布、舖棉、裡布 各2片）

13
13
13
13
22.5
提把位置
壓線

①拼縫製作表布

②本體部分，表布、舖棉、裡布重疊後壓線，口布部分，表布、舖棉重疊後，與裡布正面相對重疊，縫合開口，翻回正面後壓線

⑥口布翻回正面後，放上本體裡布並縫合，裝上提把

本體（表布、舖棉、裡布 各1片）
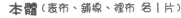
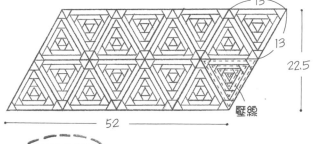
13
13
22.5
52
壓線

口布作法
正面
裡布（正面）
表布（背面）
縫份的舖棉剪掉
舖棉

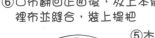
縫合
裡布（正面）
子母扣

⑤本體表布、舖棉與口布正面相對縫合
本體裡布
口布（背面）

④縫底部
舖棉剪掉後，以裡布包起處理

③本體縫成筒狀
對齊舖棉
表布（正面）
縫合
裡布（正面）

**使用蕾絲的細緻提包**

材料
拼布用布…白・素色或蕾絲質地、裡布・舖棉各90x25cm、寬0.8cm的附子母扣皮製提把約50cm1組

★圖案的實物大紙型在B面

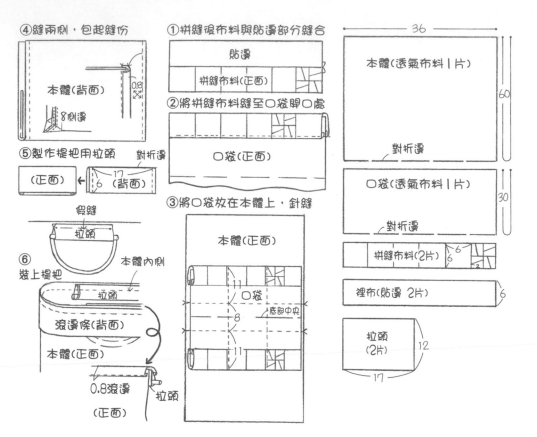

④縫兩側，包起縫份

本體（背面）
0.8
8側邊

①拼縫後布料與貼邊部分縫合

貼邊
拼縫布料（正面）

②將拼縫布料縫至口袋開口處

口袋（正面）

⑤製作提把用拉頭
對折邊
（正面）
17
6
（背面）

③將口袋放在本體上，針縫

本體（正面）
口袋
11
8
底部中央
11

假縫
拉頭
⑥
裝上提把
本體內側
拉頭
滾邊條（背面）
本體（正面）
0.8滾邊
拉頭
（正面）

36

本體（透氣布料1片）
36
60
對折邊
口袋（透氣布料1片）
30
對折邊
拼縫布料（2片）
6
6
裡布（貼邊 2片）
6
拉頭（2片）
12
17

## 輕盈的透氣提包

材料
拼布用布…粉色系・黃色系・綠色系・黑色系・咖啡色系印花碎布，本體…咖啡色透氣布料62x76cm、拉鍊頭用布24x19cm、滾邊(斜布條)用布3.2x74cm、裡布・縫份處理用斜布條布38x55cm、藤製提把1組

★圖案的實物大紙型在B面

---

②製作拉頭裝上本體

3
拉頭
3
6
2片
裁剪
翻折到
翻回正面
7
7
2片

中心
拉頭
3
4.5
4.5
本體（背面）

③裝上提把，縫兩側與底部

縫合
（背面）
包起縫份
側邊
4
4
機縫
剪成寬1

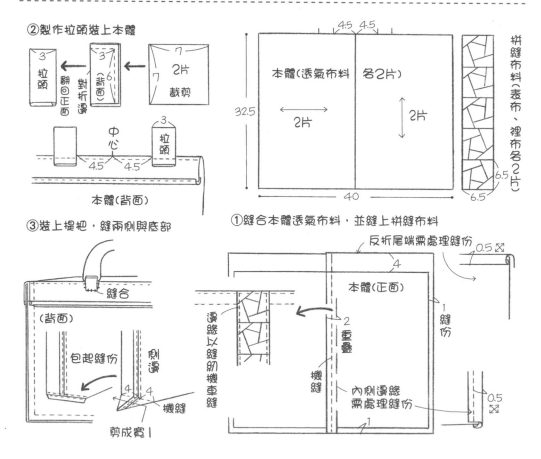

本體（透氣布料 各2片）
4.5 4.5
32.5
2片
2片
40
拼縫布料（表布、裡布各2片）
6.5
6.5

①縫合本體透氣布料，並縫上拼縫布料

反折尾端需處理縫份
0.5
4
本體（正面）
1
縫份
2
車體
機縫
內側邊緣需處理縫份
1
0.5

37

## 雅緻的含麻線透氣素材提包

材料
拼布・拉鍊頭用布…黃色系、深綠色系、粉色系、咖啡色系、黑色系、深咖啡色系印花碎布，本體…深綠色圖案透氣布料46x90cm、裡布・縫份處理用斜布條布40x40cm、寬約20x高12cm的木製提把1組

★圖案的實物大紙型在B面

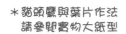

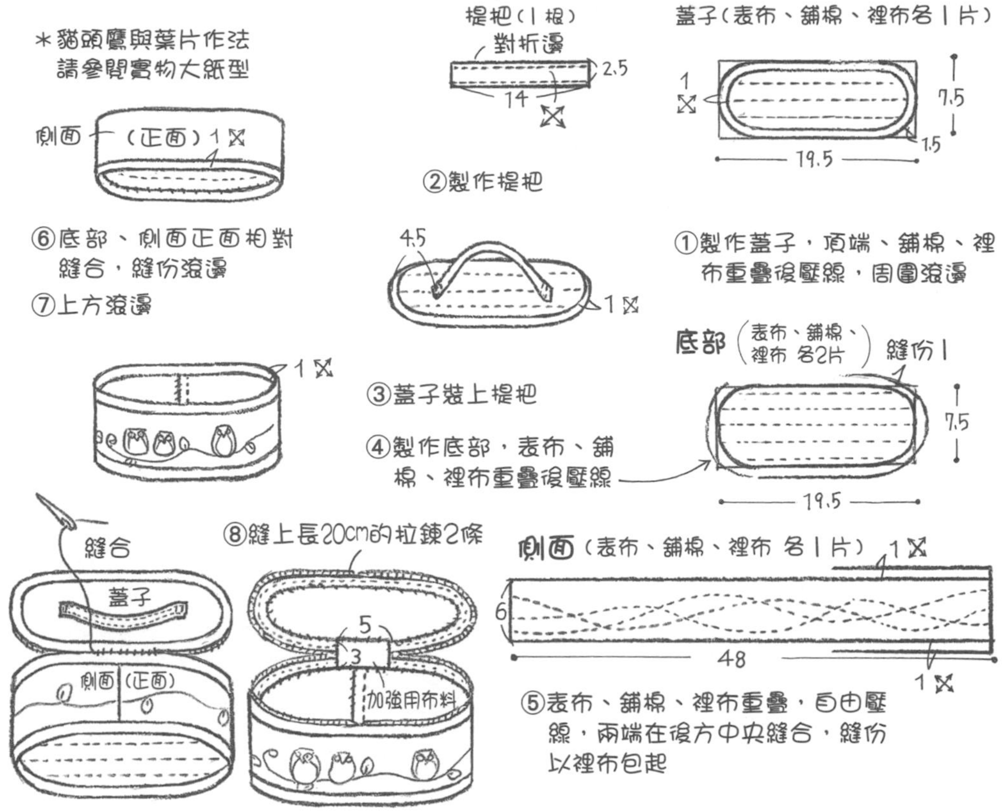

＊貓頭鷹與葉片作法
請參閱實物大紙型

側面——（正面）1片

⑥底部、側面正面相對
縫合，縫份滾邊

⑦上方滾邊

縫合
蓋子
側面（正面）

⑧縫上長20cm的拉鍊2條

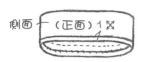

提把（1根）
對折邊
2.5
14

②製作提把

4.5
1片

③蓋子裝上提把

④製作底部，表布、舖
棉、裡布重疊後壓線

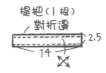

蓋子（表布、舖棉、裡布各1片）
1
7.5
1.5
19.5

①製作蓋子，頂端、舖棉、裡
布重疊後壓線，周圍滾邊

底部（表布、舖棉、裡布 各2片） 縫份1

7.5
19.5

側面（表布、舖棉、裡布 各1片） 1片
6
48
1片

⑤表布、舖棉、裡布重疊，自由壓
線，兩端在後方中央縫合，縫份
以裡布包起

**38** 第38頁

## 貓頭鷹家族
## 的化妝包

材料
本體・裡布各20x50cm、
提把・滾邊(斜布條)用布
40x40cm、舖棉20x50cm、
長20cm的拉鍊2條、直徑
0.3cm的綠色繩子50cm、
貓頭鷹圖案・貼布縫用布適
量、黑色串珠6顆、化纖棉
少許

★實物大紙型在B面

---

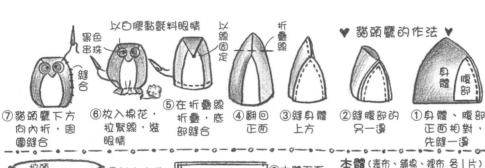

以白膠黏�料眼睛
黑色串珠
縫合

以線固定
折疊線

折疊線

♥ 貓頭鷹的作法 ♥

身體 腹部

⑦貓頭鷹下方
向內折，周
圍縫合

⑥放入棉花，
拉緊線，裝
眼睛

⑤在折疊線
折疊，底
部縫合

④翻回
正面

③縫身體
上方

②縫腹部的
另一邊

①身體、腹部
正面相對，
先縫一邊

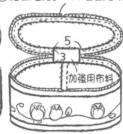

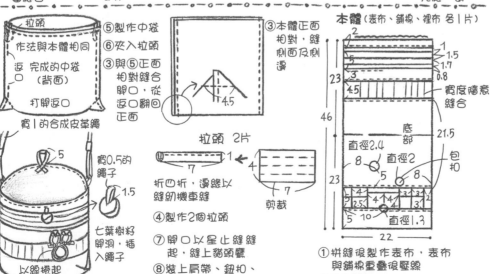

拉頭
作法與本體相同
返口 完成的中袋
（背面）
打開返口

寬1的合成皮革繩

寬0.5的
繩子
1.5

七葉樹籽
眼睛，插
入繩子

以線捲起

⑤製作中袋
⑥夾入拉頭
③與⑤正面
相對縫合
開口，從
返口翻回
正面

⑤製作中袋

③本體正面
相對，縫
側面及側
邊

4.5

拉頭 2片
1
7
7
4

折四折，邊緣以
縫紉機車縫
④製作2個拉頭

⑦開口以星止縫縫
起，縫上貓頭鷹
⑧裝上肩帶、鈕扣、
鈕扣環

剪裁

本體（表布、舖棉、裡布 各1片）
2
1
1.5
1.7
0.8
3
4.5
23
寬度隨意
縫合
底部
46
21.5
直徑2.4
8 直徑2
8
包扣
23
4 4 3
2.5 4 3
5 10 直徑1.3
22

①拼縫後製作表布，表布
與舖棉重疊後壓線
②裝上包扣

**39** 第39頁

## 絲綢與麻袋風格棉布
## 的貓頭鷹肩背袋

材料
拼布用布…大島深咖啡色
10種、粉色麻袋風格棉
布40x30cm、裡布・舖棉
各48x24cm、中袋用布
48x24cm、貓頭鷹…日式
布料深咖啡色系與白色系各
2種、白・咖啡色gel料各少
許、黑色串珠小4顆、化纖
棉・麻線適量、寬0.5cm的
咖啡色平繩16cm、七葉樹
籽1顆、寬1cm的皮製提把
用繩子110cm、包扣直徑
1.3cm磚紅色、直徑2cm的
橄欖色、直徑2.4cm的深咖
啡色印花各1

★貓頭鷹的實物大紙型在B面

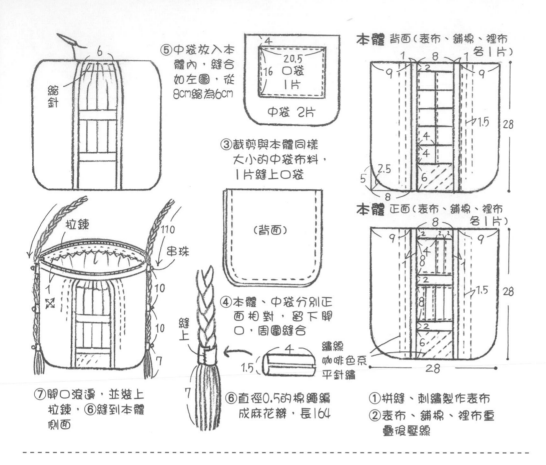

⑤中袋放入本體內，縫合如左圖，從8cm縮為6cm

縮針

拉鍊
110
串珠
1
10
10
7

⑦眼口滾邊，並裝上拉鍊，⑥縫到本體側面

中袋 2片
4
20.5
16 口袋
1片

③裁剪與本體同樣大小的中袋布料，1片縫上口袋

(背面)

縫上

4
1.5
縫線咖啡色系平針縫

7

⑥直徑0.5的棉繩編成麻花辮，長164

④本體、中袋分別正面相對，留下眼口，周圍縫合

本體 背面（表布、舖棉、裡布各1片）
1 8 1
9 2 9
28
1.5
4
4
2.5
5
6
8

本體 正面（表布、舖棉、裡布各1片）
8
9 2 2 9
4
28
1.5
2
8
2
6
28

①拼縫、刺繡製作表布
②表布、舖棉、裡布重疊後壓線

## 以酒袋布製作的貼身背包

材料
拼布用布…日式布料5x5cm10種、5.5x9cm5種、3x9cm4種、6x9cm1種、4x60cm1種、酒袋布40x40cm、滾邊(斜布條)用布…4x60cm、裡布60x50cm、黑色與灰色直徑0.5cm棉繩(麻花辮繩)170cm、圓串珠6顆、長串珠1顆、長24cm的拉鍊1條、繡線橄欖色與咖啡色適量

---

側邊（表布、舖棉、裡布各1片）
1.5
2 2.5
4 13.5 1.5 7 中央對折邊
41.5

③側邊與本體相同，進行壓線

本體
本體
本體
本體
側邊
側邊
側邊
4

④本體、側邊正面相對縫合
⑤側邊上方縫後拉線收緊

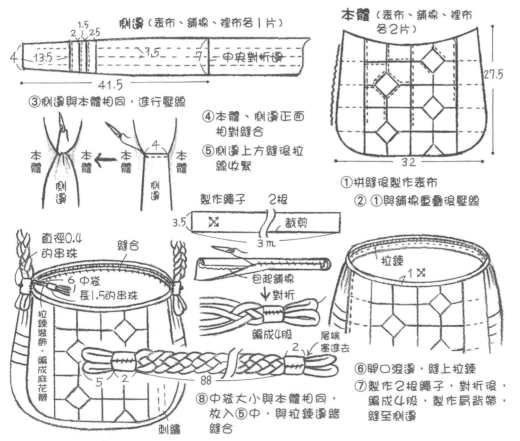

直徑0.4的串珠
縫合
6 中袋 長1.5的串珠
拉鍊裝飾，編成麻花辮

5 2
刺繡

本體（表布、舖棉、裡布各2片）
27.5
32

①拼縫後製作表布
②①與舖棉重疊後壓線

製作繩子 2根
3.5
裁剪
3m

包起舖棉
對折
編成4股
尾端塞進去

88

⑧中袋大小與本體相同，放入⑤中，與拉鍊邊緣縫合

拉鍊
1

⑥眼口滾邊，縫上拉鍊
⑦製作2根繩子，對折後，編成4股，製作肩背帶，縫至側邊

## 大容量的領結圖案肩背包

材料
拼布用布…1種、平織麻布37x90cm、滾邊‧提把(斜布條)…粉色系印花布4x370cm‧粉色系條紋布料4x300cm、中袋用布50x86cm、舖棉40x90cm、布料、長30cm的拉鍊1條、木製串珠小2顆‧大1顆、繡線綠色與橄欖色適量

★實物大紙型在B面

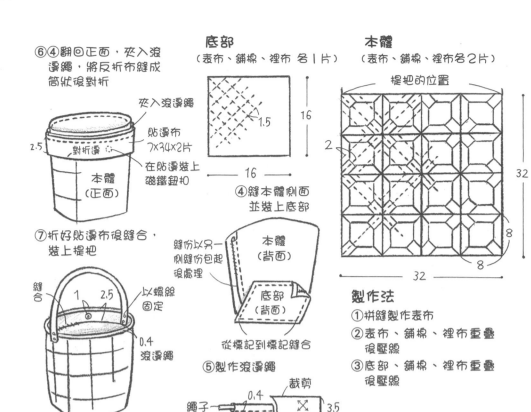

⑥④翻回正面，夾入滾邊繩，將反折布縫成筒狀後對折

夾入滾邊繩

貼邊布 7x34x2片

在貼邊裝上磁鐵鈕扣

2.5 對折邊

本體（正面）

⑦折好貼邊布後縫合，裝上提把

縫合

1 2.5

以螺絲固定

0.4 滾邊繩

底部（表布、鋪棉、裡布 各1片）

1.5

16

16

④縫本體側面並裝上底部

縫份以另一側縫份包起後處理

本體（背面）

底部（背面）

從標記到標記縫合

⑤製作滾邊繩

裁剪

繩子 0.4

70 3.5

本體（表布、鋪棉、裡布各2片）

提把的位置

2

32

8

8

32

製作法
①拼縫製作表布
②表布、鋪棉、裡布重疊後壓線
③底部、鋪棉、裡布重疊後壓線

42 第42頁

## 變化十字圖案的大型托特包

材料

拼布用布…白絣・復古布料各類適量、底部・貼邊・滾邊(斜布條)用布…白線復古布料50x50cm、直徑0.4cm的滾邊繩子70cm、裡布・鋪棉各90x40cm、直徑1.5cm的磁鐵鈕扣1組、附塑膠製固定用螺絲提把1組

★圖案的實物大紙型在B面

---

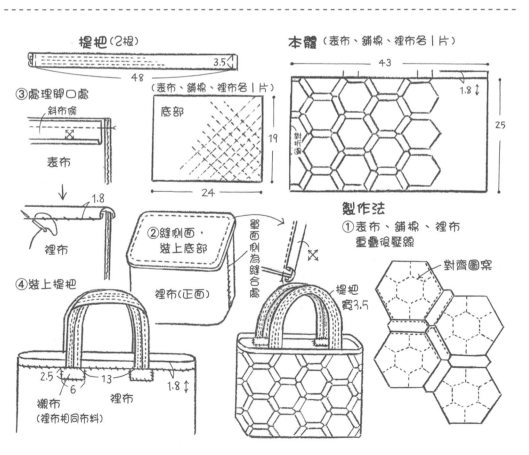

提把（2根）

3.5

48

③處理開口處

斜布條

表布

1.8

裡布

④裝上提把

2.5 13

6 襯布（裡布相同布料）

1.8↑

裡布

底部（表布、鋪棉、裡布各1片）

②縫側面，裝上底部

裡布（正面）

單面側為縫合處

19

24

本體（表布、鋪棉、裡布各1片）

43

1.8↕

25

對折邊

提把寬3.5

製作法
①表布、鋪棉、裡布重疊後壓線

對齊圖案

43 第43頁

## 銘仙絲綢風格棉布的變化提包

材料

拼布用布…深綠・綠色・淡綠色各25x25cm、本體・提把用布…銘仙絲綢風格棉布90x60cm・裡布・鋪棉各90x60cm

★圖案的實物大紙型在B面

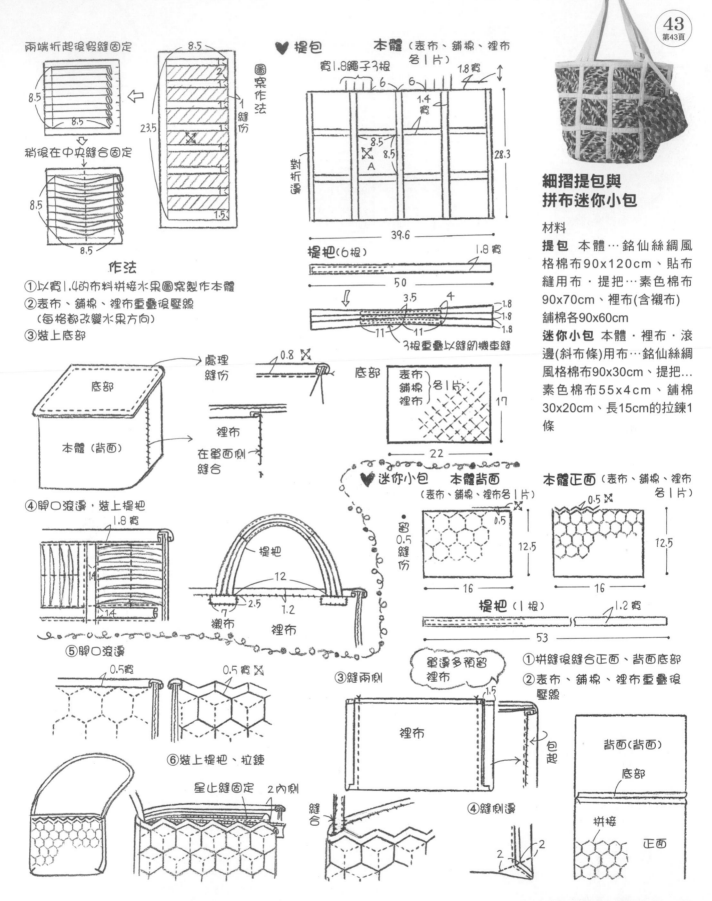

兩端折起後假縫固定

8.5
8.5
8.5

稍後在中央縫合固定

8.5
8.5
8.5

圖案作法

縫份

23.5

8.5
2
1
1
1
1
1.5

**作法**

①以寬1.4的布料拼接水果圖案製作本體
②表布、鋪棉、裡布重疊後壓線
　(每格都改變水果方向)
③裝上底部

**❤ 提包　本體**（表布、鋪棉、裡布各1片）

寬1.8繩子3根

6　6　1.8寬

1.4寬

8.5
8.5　A
28.3

對折邊

39.6

**提把**(6根)　1.8寬

50

3.5　4

1.8
1.8
1.8
1.8

11　11

3根重疊以縫紉機車縫

**底部**　表布・鋪棉・裡布　各1片

17

22

**細摺提包與
拼布迷你小包**

**材料**

**提包**　本體…銘仙絲綢風格棉布90x120cm、貼布縫用布・提把…素色棉布90x70cm、裡布(含襯布)鋪棉各90x60cm

**迷你小包**　本體・裡布・滾邊(斜布條)用布…銘仙絲綢風格棉布90x30cm、提把…素色棉布55x4cm、鋪棉30x20cm、長15cm的拉鍊1條

處理縫份　0.8

底部

本體（背面）

裡布
在單面側縫合

④開口滾邊，裝上提把

1.8寬
14
14

⑤開口滾邊

0.5寬
0.5寬

⑥裝上提把、拉鍊

星止縫固定　2內側

**❤ 迷你小包　本體背面**（表布、鋪棉、裡布各1片）

留0.5縫份

0.5
0.5

12.5

16

**本體正面**（表布、鋪棉、裡布各1片）

0.5

12.5

16

**提把**(1根)　1.2寬

53

①拼縫後縫合正面、背面底部
②表布、鋪棉、裡布重疊後壓線

③縫兩側

單邊多預留裡布

1.5

裡布

包起

④縫側邊

縫合

2

2

背面（背面）

底部

拼接

正面

提把

12

7　2.5　1.2

襯布　裡布

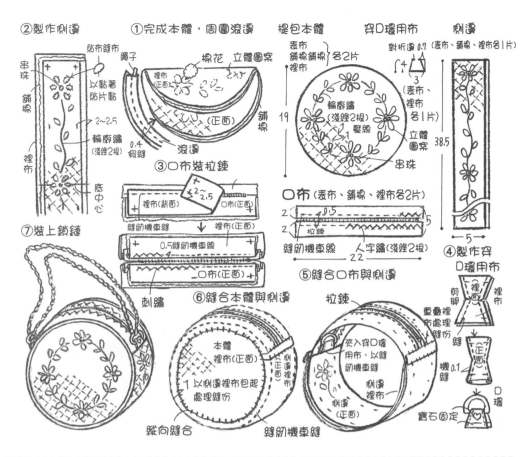

②製作側邊　①完成本體，周圍滾邊　提包本體　穿D環用布　側邊

串珠　貼布縫布　繩子　棉花　立體圖案　表布　對折邊0.7（表布、鋪棉、裡布各1片）

鋪棉　以黏著貼片黏　里布（正面）　鋪棉各2片　裡布

里布　2～2.5　鋪棉　4　3（表布、裡布各1片）

輪廓繡（淺駝2根）　0.4假縫　滾邊　立體圖案

底中心　19　輪廓繡（淺駝2根）壓線　串珠

③口布裝拉鍊　38.5

⑦裝上鎖鍊　里布（背面）　口布（正面）　口布（表布、鋪棉、裡布各2片）

2～2.5　2　0.5　5

0.5縫紉機車線　2　拉鍊　④製作穿D環用布

里布（正面）　縫紉機車線　人字繡（淺駝2根）　D環用布

刺繡　口布（正面）　22　剪牙口

⑥縫合本體與側邊　⑤縫合口布與側邊　拉鍊　里布

本體里布（正面）　里布　重疊里布處理縫份　縫

1以側邊里布包起處理縫份　夾入D環用布，以縫紉機車縫　里布（正面）

縱向縫合　縫紉機車縫　側邊里布（正面）　0.1機縫

D環　寶石固定

**44**
第44頁

**純白花卉的拼縫圓包**

材料
本體・側邊・口布・穿提把用布・滾邊（斜布條）…白莫列波紋布料90x50cm、裡布・鋪棉各90x25cm、貼布縫用布適量、直徑0.3cm的繩子140cm、化纖棉5g、25號繡線・串珠・寶石各適量、長20cm的拉鍊1條、內徑1.5cm的D環2個、長90cm的金色鎖鍊1條

★實物大紙型在B面

---

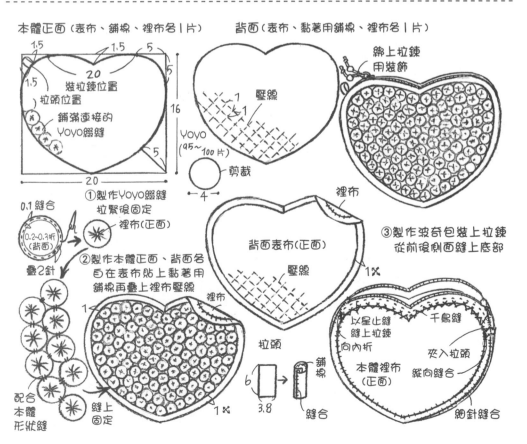

本體正面（表布、鋪棉、裡布各1片）　背面（表布、黏著用鋪棉、裡布各1片）

1.5　1.5　5　綁上拉鍊用裝飾

20　裝拉鍊位置　5

1.5　拉頭位置　壓線

鋪棉連接的Yoyo綴縫　16

5　1　1

20　Yoyo（95～100片）　剪裁　4

①製作Yoyo綴縫拉緊後固定

0.1縫合　里布（正面）

（0.2～0.3折）（背面）　③製作波奇包裝上拉鍊從前後側面縫上底部

疊2針　②製作本體正面、背面各自在表布貼上黏著用鋪棉再疊上裡布壓線

背面表布（正面）壓線　裡布

1×　以星止縫縫上拉鍊向內折　千鳥縫

1　拉頭　夾入拉頭

配合本體形狀縫　縫上固定　縱向縫合

1×　3.8　縫合　本體裡布（正面）　細針縫合

6　鋪棉

**45**
第45頁

**Yoyo綴縫的心型波奇包**

材料
本體…粉紅色單色2種各25x20cm、Yoyo綴縫用布…含濃淡粉紅色系在內碎布、滾邊・拉鍊頭（斜布條）用布…粉紅色色丁單色3.8x140cm、裡布・黏著用鋪棉各50x20cm、長20cm的拉鍊1條、裝飾用心型2個、繩子適量

★實物大紙型在B面

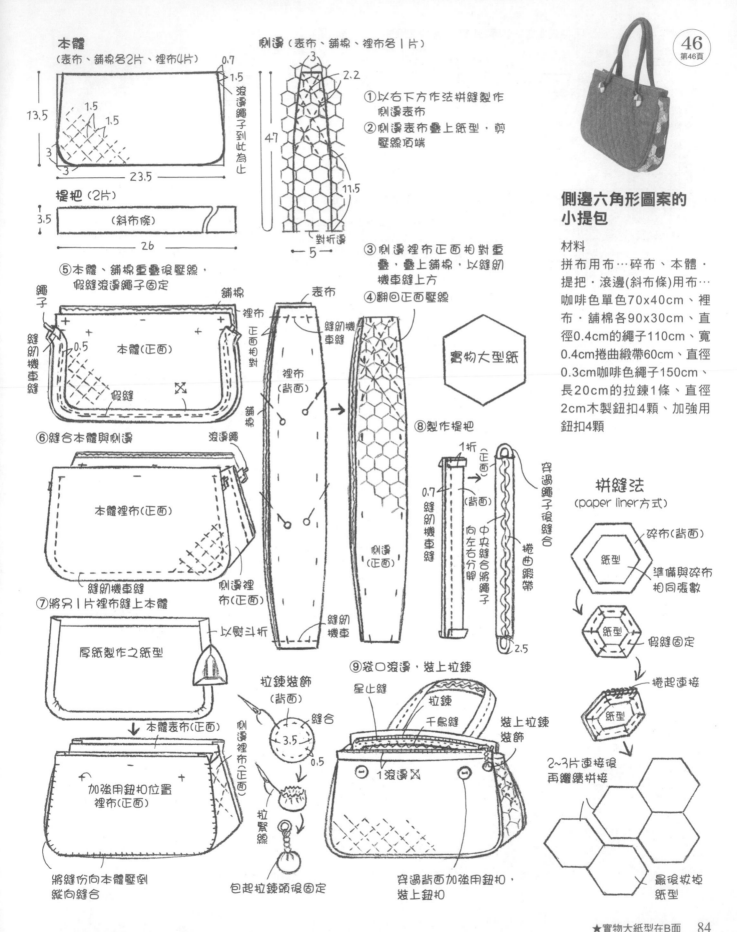

本體
(表布、舖棉各2片、裡布(4片)

0.7
1.5
滾邊繩子到此為止

13.5
1.5
1.5
3
3
23.5

提把（2片）
3.5
（斜布條）
26

側邊（表布、舖棉、裡布各1片）
3
2.2
4.7
11.5
5
對折邊

①以右下方作法拼縫製作側邊表布
②側邊表布疊上紙型，剪壓線頂端
③側邊裡布正面相對重疊，疊上舖棉，以縫紉機車縫上方
④翻回正面壓線

## 側邊六角形圖案的小提包

材料
拼布用布…碎布、本體・提把・滾邊(斜布條)用布…咖啡色單色70x40cm、裡布・舖棉各90x30cm、直徑0.4cm的繩子110cm、寬0.4cm捲曲緞帶60cm、直徑0.3cm咖啡色繩子150cm、長20cm的拉鍊1條、直徑2cm木製鈕扣4顆、加強用鈕扣4顆

⑤本體、舖棉重疊後壓線，假縫滾邊繩子固定

繩子
舖棉
表布
裡布
縫紉機車縫
縫紉機車縫
本體（正面）
0.5
假縫
正面相對

⑥縫合本體與側邊
裡布（背面）
舖棉
滾邊繩
縫紉機車縫
本體裡布（正面）
側邊裡布（正面）
縫紉機車縫

⑦將另1片裡布縫上本體
厚紙製作之紙型
以熨斗折

⑧製作提把
1折
（表面）
0.7
（背面）
縫紉機車縫
向左右分開
中央縫合綁繩子
側邊（正面）
縫紉機車

實物大型紙

穿過繩子後縫合
捲曲緞帶
2.5

本體表布（正面）
側邊裡布（正面）

加強用鈕扣位置
裡布（正面）

將縫份向本體壓倒縱向縫合

拉鍊裝飾（背面）
縫合
3.5
0.5
拉緊線

包起拉鍊頭後固定

⑨袋口滾邊，裝上拉鍊
星止縫
拉鍊
千鳥縫
裝上拉鍊裝飾
1滾邊

穿過背面加強用鈕扣，裝上鈕扣

拼縫法
(paper liner方式)

碎布（背面）
紙型
準備與碎布相同張數

紙型
假縫固定

捲起連接

紙型

2~3片連接後再繼續拼接

最後拔掉紙型

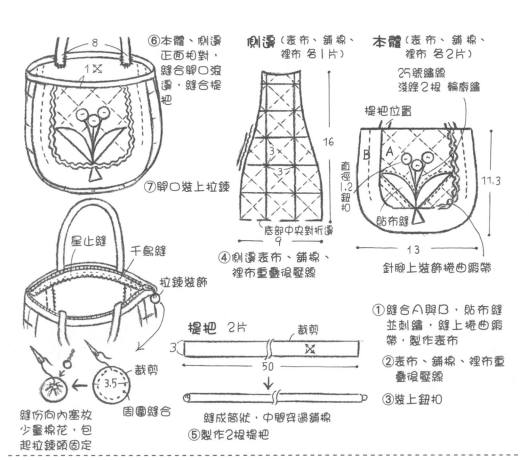

⑥本體、側邊正面相對，縫合脾口滾邊，縫合提把

⑦脾口裝上拉鍊

側邊（表布、舖棉、裡布 各1片）

3×
3×

16

底部中央對折邊
9

④側邊表布、舖棉、裡布重疊後壓線

本體（表布、舖棉、裡布 各2片）

25號繡線
淺綠2根 輪廓繡

提把位置

B　A

直徑1.2鈕扣

11.3

貼布縫

13

針腳上裝飾捲曲緞帶

星止縫
千鳥縫
拉鍊裝飾

縫份向內塞放少量棉花，包起拉鍊頭固定

提把　2片　　裁剪
3
×
50

縫成筒狀，中間穿過舖棉
⑤製作2根提把

周圍縫合
3.5

①縫合A與B，貼布縫並刺繡，縫上捲曲緞帶，製作表布
②表布、舖棉、裡布重疊後壓線
③裝上鈕扣

47
第47頁

**點點與小花，小花波奇包**

材料

拼布用布…印花棉布4x4cm各種、貼布縫用布…淺綠色印花布適量、本體中央・提把(斜布條)…粉紅色棉布25x30cm、本體外側…深咖啡色單色30x40cm、寬0.5cm的捲曲緞帶60cm、裡布・舖棉各23x35cm、長15cm的拉鍊1條、直徑1.2cm的紅・黃・綠色鈕扣各1個、淺綠色繡線適量

★實物大紙型在B面

48
第48頁

拉頭

拉鍊頭
裝飾用繩

裁剪
2.8
×
6

0.7　　折四折後縫合

褶

④夾入拉頭與裝飾用繩子，本體正反面正面相對，除脾口外其餘縫合，翻回正面

裝飾用繩子　綁緊
2　　2
直徑1木串珠

拉鍊
拉鍊裝飾

⑤脾口滾邊，裝上長18的拉鍊

⑥製作與本體相同大小的中袋，與拉鍊邊緣縫合

本體 正面（表布、舖棉、裡布 各1片）

2　　　　　　　1.5
拉頭位置
15
0.9
2
1.5　　2
2.5
0.8褶　　　20

裝飾繩子位置
5
5

本體 背面（表布、舖棉、裡布 各1片）

7.5　　5　　7.5
5　　　7.5
10
0.8
1.5　　4.5　0.8

①本體正反面拼縫，製作表布
②①與舖棉、裡布重疊後壓線
③縫合褶處

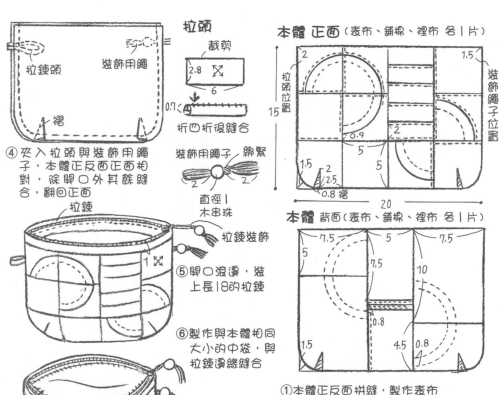

**日式布料波奇包**

材料

拼布用布…老絲布或復古布深咖啡色系3種・綠色系・藍色系・紅色系・紫色系碎布、裡布・舖棉各30x35cm、中袋用布30x35cm、長18cm的拉鍊1條、直徑1的木串珠2顆、橄欖色棉線適量

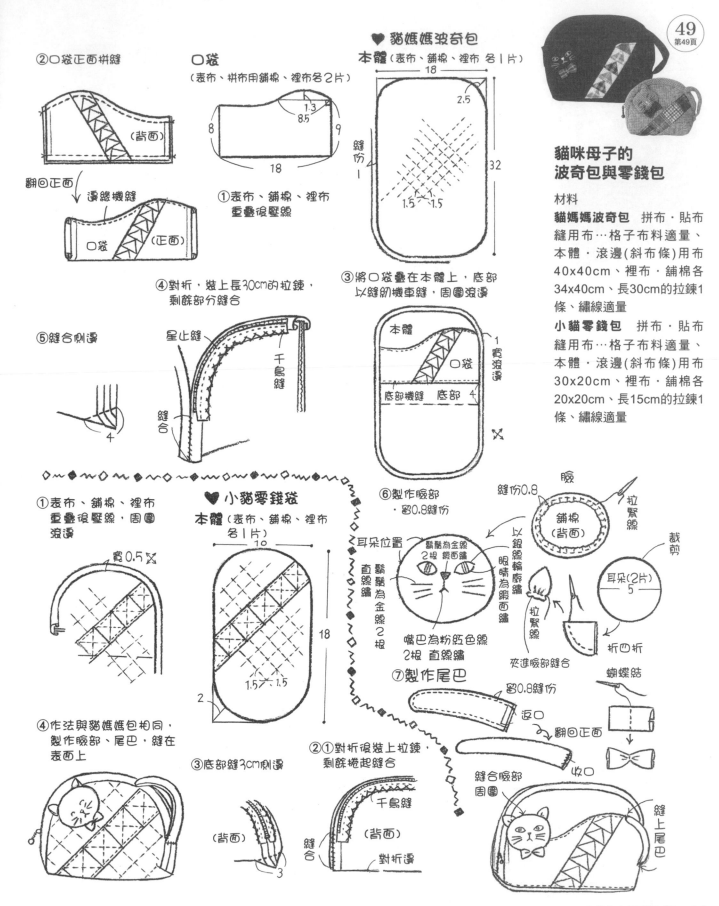

②口袋正面拼縫

(背面)

翻回正面
邊緣機縫

口袋 (正面)

口袋
(表布、拼布用舖棉、裡布各2片)

1.3
8.5
8
9

18

①表布、舖棉、裡布
重疊後壓線

④對折，裝上長30cm的拉鍊，
剩餘部分縫合

⑤縫合側邊

星止縫

千鳥縫

縫合

4

♥ 貓媽媽波奇包
本體(表布、舖棉、裡布 名1片)

18
2.5
32
縫份1
1.5 1.5

③將口袋疊在本體上，底部
以縫紉機車縫，周圍滾邊

本體
口袋
底部機縫 底部 4
寬滾邊1

⑥製作臉部
·留0.8縫份

縫份0.8

臉

舖棉
(背面)

拉緊線

裁剪

耳朵(2片)
5

耳朵位置

鬍鬚為金線
2根 鍛面繡
眼睛為鍛面繡

直線繡

鬍鬚為
金線
2根

嘴巴為粉紅色線
2根 直線繡

拉緊線

折四折

夾進臉部縫合

⑦製作尾巴

留0.8縫份

返口

翻回正面

收口

蝴蝶結

①表布、舖棉、裡布
重疊後壓線，周圍
滾邊

寬0.5

♥ 小貓零錢袋
本體(表布、舖棉、裡布
名1片)

10
18
1.5 1.5
2

④作法與貓媽媽包相同，
製作臉部、尾巴，縫在
表面上

③底部縫3cm側邊

(背面)

3

②①對折後裝上拉鍊，
剩餘捲起縫合

千鳥縫
(背面)
縫合
對折邊

縫合臉部
周圍

縫上尾巴

貓咪母子的
波奇包與零錢包

材料
貓媽媽波奇包 拼布·貼布
縫用布…格子布料適量、
本體·滾邊(斜布條)用布
40x40cm、裡布·舖棉各
34x40cm、長30cm的拉鍊1
條、繡線適量

小貓零錢包 拼布·貼布
縫用布…格子布料適量、
本體·滾邊(斜布條)用布
30x20cm、裡布·舖棉各
20x20cm、長15cm的拉鍊1
條、繡線適量

①正面拼縫製作表布

正面
表布

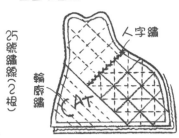

②正面表布、舖棉、裡布
重疊後壓線

人字繡

25號繡線(2根)

輪廓繡

CAT

正面(表布、舖棉、裡布各1片)
背面(表布、舖棉、裡布各1片)

0.5 縫份

49
第49頁

**不同花色的
3種貓咪造型波奇包**

材料

**藍貓咪** 藍色格子布
15x25cm、拼布用布適
量、滾邊(斜布條)用布
3x30cm、舖棉・裡布各
15x30cm、長12cm的拉鍊
1條、直徑0.9cm・1.5cm・
1.2cm的鈕扣各1顆、25號
繡線・鬍鬚用棉繩各適量

★實物大紙型在B面

③背面之表布、舖棉、裡
布重疊後壓線並貼布縫

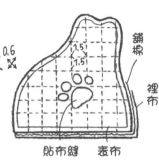

1.5
1.5

舖棉

裡布

貼布縫　表布

④正、反面正面相對，
縫合外側

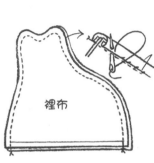

裡布

0.6

＊其他貓咪請參閱實物大紙型

⑤下方滾邊，裝上拉鍊

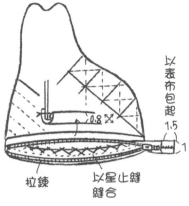

以表布包起

0.8

1.5

1

拉鍊　以星止縫
縫合

---

**刺繡針法集**

本書介紹提包、波奇包製作時使用之刺繡針法。
請參閱左圖，使用指定之繡線或刺繡用緞帶等刺繡。

| 毛毯繡 | 鎖鏈繡 | 輪廓繡 |
|---|---|---|
|  | 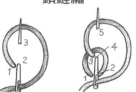 | 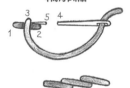 |
| 十字繡 | 人字繡 | 回針繡 |
| 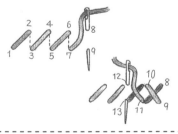 | 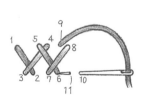 |  |
| 羽毛繡 | 雛菊繡 | 緞面繡 |
| 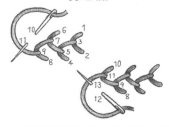 | 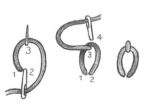 |  |

②①、舖棉、襯布重疊後
壓線，裝上蕾絲

本體背面
（表布、舖棉、襯布、裡布 各1片）

本體正面
（表布、舖棉、襯布、裡布各1片）

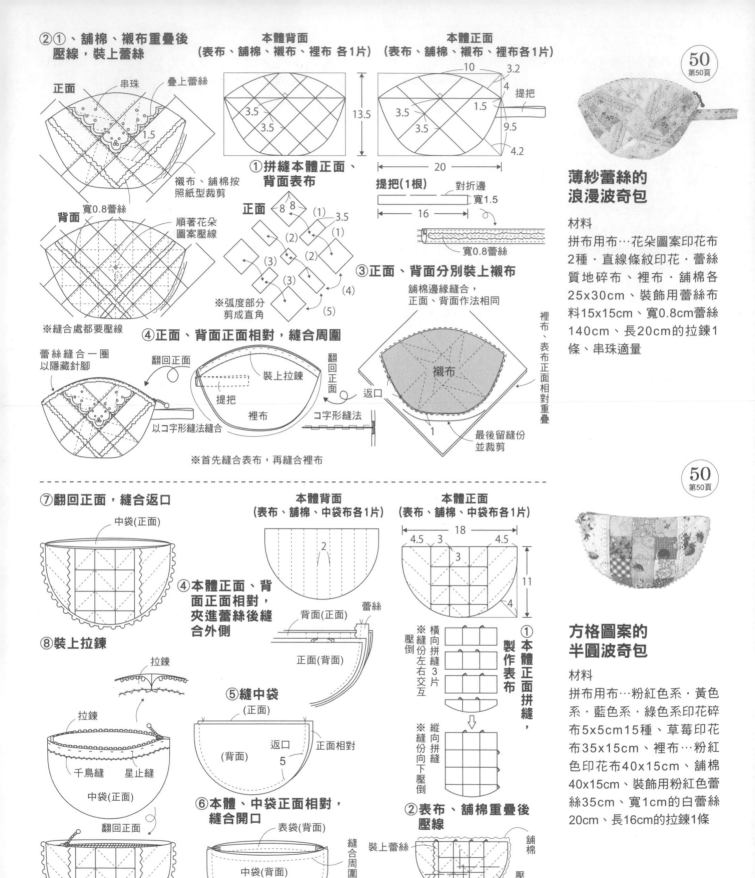

正面
串珠
疊上蕾絲

正面

13.5

3.5
3.5

1.5

襯布、舖棉按
照紙型裁剪

10
3.2
4
提把

3.5
1.5
3.5

9.5

背面

寬0.8蕾絲

順著花朵
圖案壓線

①拼縫本體正面、
背面表布

正面
8 8

(1) 3.5
(1)
(2)
(2)
(3)
(3)
(4)
(5)

20

提把(1根)
對折邊
寬1.5

16

寬0.8蕾絲

③正面、背面分別裝上襯布

※縫合處都要壓線

※弧度部分
剪成直角

④正面、背面正面相對，縫合周圍

舖棉邊緣縫合，
正面、背面作法相同

蕾絲縫合一圈
以隱藏針腳

翻回正面

翻回正面

裝上拉鍊

提把

裡布

コ字形縫法

以コ字形縫法縫合

襯布

返口

裡布、表布正面相對重疊

最後留縫份
並裁剪

1

※首先縫合表布，再縫合裡布

50
第50頁

## 薄紗蕾絲的
## 浪漫波奇包

材料
拼布用布…花朵圖案印花布
2種·直線條紋印花·蕾絲
質地碎布·裡布·舖棉各
25x30cm、裝飾用蕾絲布
料15x15cm、寬0.8cm蕾絲
140cm、長20cm的拉鍊1
條、串珠適量

⑦翻回正面，縫合返口

中袋(正面)

本體背面
（表布、舖棉、中袋布各1片）

本體正面
（表布、舖棉、中袋布各1片）

2

18
4.5 3 4.5

3

11

4

④本體正面、背
面正面相對，
夾進蕾絲後縫
合外側

蕾絲

背面(正面)

正面(背面)

⑧裝上拉鍊

拉鍊

拉鍊

千鳥縫 星止縫

中袋(正面)

翻回正面

⑤縫中袋
(正面)

返口
正面相對
5

(背面)

⑥本體、中袋正面相對，
縫合開口

表袋(背面)

中袋(背面)

返口

※橫向拼縫縫
份左右交互

※縱向拼縫縫
份向下壓倒

①本體正面拼縫，製作表布

②表布、舖棉重疊後
壓線

裝上蕾絲

舖棉

假縫固定

壓線

③本體背面也與舖棉
重疊後壓線

縫合周圍

50
第50頁

## 方格圖案的
## 半圓波奇包

材料
拼布用布…粉紅色系·黃色
系·藍色系·綠色系印花碎
布5x5cm15種、草莓印花
布35x15cm、裡布…粉紅
色印花布40x15cm、舖棉
40x15cm、裝飾用粉紅色蕾
絲35cm、寬1cm的白蕾絲
20cm、長16cm的拉鍊1條

本體背面(表布、舖棉、裡布 各1片)　　側邊(表布、舖棉、裡布 各1片)　　本體正面(表布、舖棉、裡布 各1片)

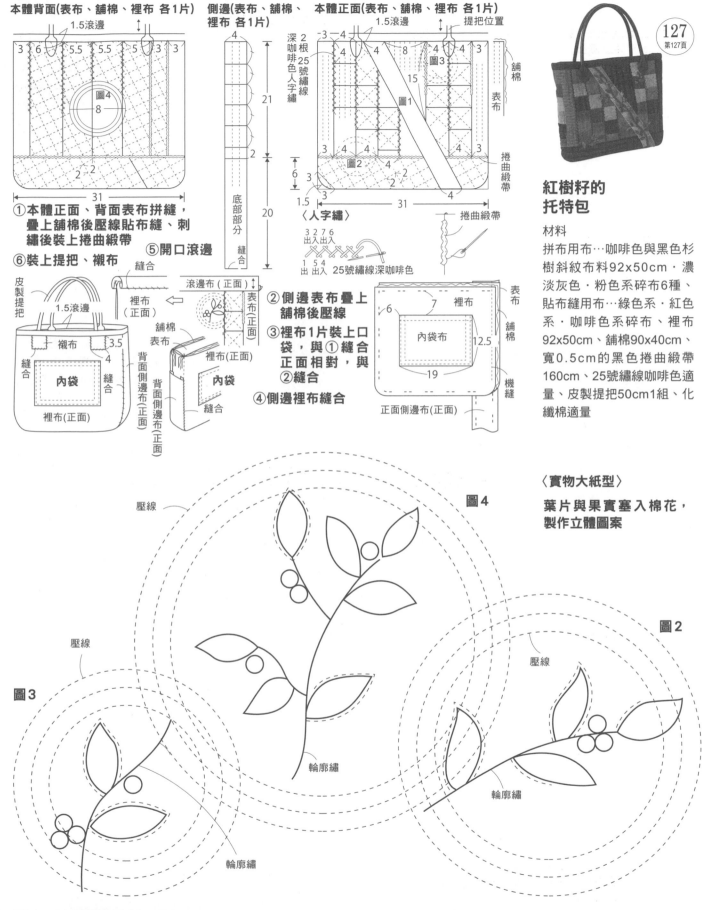

1.5滾邊

3　6　5.5　5.5　5　3　3

圖4

8

2-2

31

①本體正面、背面表布拼縫，
　疊上舖棉後壓線貼布縫、刺
　繡後裝上捲曲緞帶

⑥裝上提把、襯布

4

底部部分

縫合

側邊(表布、舖棉、裡布 各1片)

21

2

20

2根深咖啡色25號繡線人字繡

1.5滾邊　　　　　提把位置

-3　-4

4　8　4　4　3

圖3

15

圖1

4　4　4　4　4

圖2

6　3

3

2

1.5　3

31　　　　4

〈人字繡〉

3 2 7 6
出入出入

1 5 4
出 出入　25號繡線深咖啡色

舖棉

表布

捲曲緞帶

捲曲緞帶

②側邊表布疊上
　舖棉後壓線

③裡布1片裝上口
　袋，與①縫合
　正面相對，與
　②縫合

④側邊裡布縫合

皮製提把

1.5滾邊

縫合

滾邊布(正面)

裡布(正面)

舖棉
表布

襯布　3.5

4

縫合　內袋　縫合

裡布(正面)

背面側邊布(正面)
背面側邊布(正面)

裡布(正面)

內袋

縫合

表布
舖棉

6　7

內袋布

12.5

19

正面側邊布(正面)

機縫

紅樹籽的
托特包

材料

拼布用布…咖啡色與黑色杉
樹斜紋布料92x50cm‧濃
淡灰色‧粉色系碎布6種、
貼布縫用布…綠色系‧紅色
系‧咖啡色系碎布、裡布
92x50cm、舖棉90x40cm、
寬0.5cm的黑色捲曲緞帶
160cm、25號繡線咖啡色適
量、皮製提把50cm1組、化
纖棉適量

〈實物大紙型〉
葉片與果實塞入棉花，
製作立體圖案

壓線

圖4

壓線

圖2

壓線

輪廓繡

圖3

輪廓繡

輪廓繡

③壓線後縫合本體
兩側，裝上提把

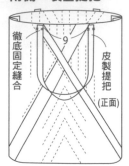

徹底固定縫合

皮製提把

(正面)

9

④縫中袋

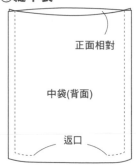

正面相對

中袋(背面)

返口

⑤本體、中袋正面
相對縫合

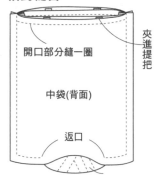

開口部分縫一圈

中袋(背面)

返口

夾進提把

⑥口袋內側做星止縫

星止縫

①拼縫後製作表布
②表布、舖棉、裡布重疊後壓線
③～⑥同A

②本體正面、背面底部
正面相對縫合，疊上
舖棉、裡布

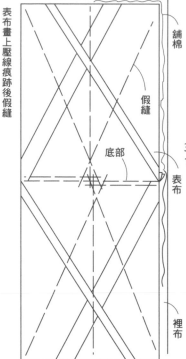

表布畫上壓線痕跡後假縫

舖棉

假縫

底部

表布

裡布

A：本體(表布、中袋布 各2片)
舖棉、裡布底部剪裁成筒狀

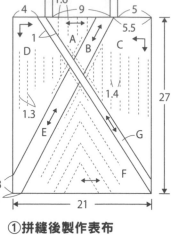

4　1.6　9　5
1　　　A　B　C　5.5
D
1.3　　　　1.4
E　　　　　G
27
3　　　　　F
1
21

①拼縫後製作表布

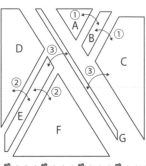

A
①
B
①
D　③　　　　C
②
②
E　　　②
F　　　　　G

C：本體(表布、中袋布 各2片)
舖棉、裡布底部剪裁成筒狀

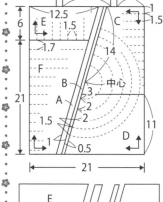

9　5
12.5　　　　1
6　E　C　1.5
1.7　　14
F　　　中心
B　　　3
A　　　2
1.5　　2
21　　　　　11
1　　　D
0.5
21

E
①
②　C
①
②
F
①
D
A　B

B：本體(表布、中袋布各2片)
舖棉、裡布底部剪裁成筒狀

9
8

27
1.5

貼布縫

3
3
1.5
弧度

深藍色棉線回針繡

21

角落縫份請縫成圓弧狀後剪斷

※作法同A
僅正面作貼布縫

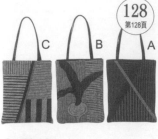

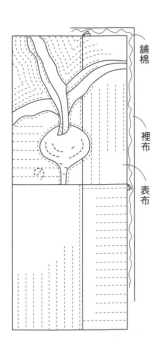

舖棉

裡布

表布

128
第128頁

加茂縞
手提包3種

材料
A 拼布用布…條紋(粗)50x20
cm、(中)30x30cm(細)25x27
cm、深藍線素色15x25cm、
紅棕色素色35x6cm、〈3類
共通〉裡布‧舖棉各25x60cm
、中袋布50x30cm、寬1cm
的皮製提把40cmx2根
B 拼布用布…條紋(中)30x20
cm(細)30x30cm、貼布縫用
布…灰色與深藍色素色‧深
藍色底布條紋4種、25號繡
線深藍色、其餘共通
C 拼布用布…條紋(特粗)32x
15cm、條紋(粗)25x25cm
(中)15x15cm、(細)20x25cm
、深藍色素色30x7cm、紅咖
啡色素色30x4cm、其餘共通

# Part2

進階奢華。

能盡情享受拼布樂趣的設計

# 好拿的都會手提包

**春季小花的迷你包**

●製作法131頁

優雅配色的迷你包,取下背帶還能作為波奇包使用。花瓣滾邊用的捲曲緞帶為亮點,淡粉彩配色優雅又時尚。

(設計 / 岩橋和子)

## 六角形圖案的大容量包
## & 雛菊波奇包

大容量包與貼布縫有雛菊圖案的波奇包，
不問當天服飾顏色，一年到頭都能拿的方
便包款。
(設計／大畑美佳・製作／柴田順子)

●製作法132頁

將"水杯"圖案安排在掀蓋上的肩
背包,側邊還裝上手機袋。肩帶可
輕鬆取下,改用短提把。
(設計 / 原浩美)

●製作法134頁

94

### 六角形圖案的迷你包

●製作法133頁

以"六角形"圖案裝飾包口的迷你包。可以掛在旅行用大型提包的提把上，作為副包使用是十分方便的設計。

(設計 / 小池潔子)

### 包扣為亮點
### 的托特包

●製作法131頁

如果您覺得四角拼縫法稍嫌單調，不妨像本作品一樣以包扣點綴，營造年輕氛圍。即使是第一次作手提包的拼布初學者，也能簡單上手。
(設計 / 加藤禮子・製作 / 有原由希子)

## 四角拼縫的
## 肩背包

"四角"乍看之下單純,可是
如果跟其他圖案組合,並考慮
配置,就能營造出俐落、時尚
感。提把有如吊帶一般可以取
下,可以視當天的心情改用短
提把。
(設計 / 小池潔子)

●製作法135頁

## 公事包型的提包

●製作法136頁

是可以放進A4筆記本的公事包，也可以作為文件用副包或上課用提包。側邊部分縫上“蝴蝶領結”圖案，十分費工，應該會受拼布行家喜愛。
(設計 / 比嘉勝子)

**古典串珠的
提包＆波奇包**

●製作法137頁

收集厚實布料拼縫出小提包與波奇包，設計
重點為古典串珠。提包側邊寬度夠，雖然不
大卻容量十足。
（設計／大畑美佳）

### 橙皮圖案的
### 西班牙提包

●製作法138頁

"橙皮"圖案縫製處本來應該是提包的側邊，但因為改變提把位置，反而成為提包正面，設計十分有趣。參考從西班牙買回來的提包製作。
(設計／三池道・製作／川口麗子)

**雪花圖案的
迷你波士頓包**

●製作法139頁

以"雪花"圖案製作的迷你波士頓包,組合格子與花布,將藍色、綠色、粉紅色均衡配置在咖啡色系中。因為有寬度,實際容量比看起來還大。
(設計 / 辻toshi)

## 大理花圖案的
## 波士頓包

提包本體使用名為"芭蕉布"的沖繩布料,雅緻色調與穩重質感備受歡迎。本體與側邊還各有"愛爾蘭鍊子"及"大理花"圖案,是大小適中的波士頓包。

(設計／吉田hiromi)

●製作法140頁

## 心型圖案的
## 上課用提包&
## 波奇包

也可在旅行時使用的大提包,搭配可愛的圓形小物包。選用低調色系,可以作為文件包在上班時使用。以同樣布料製作的厚實提把,可以承受相當重量。

(設計／加藤禮子・
製作／有原美惠子)

●製作法141頁

## 小木屋圖案的
## 提包&迷你包

以4種顏色拼縫的"小木屋"
圖案，以同色系連接隔壁方
塊，就能形成明顯的菱形。
上下左右對稱拼縫，擅長使
用縫紉機的人也可以用縫紉
機拼縫。
(設計／加藤禮子‧
製作／田中佳子)

●製作法142頁

## 能放進繡花箍的
## 上課用大提包
## 及副包

旅行時也能用的大型提包，直徑45cm的拼布用繡花箍也放得進去。因為也能肩背，所以就算放很多東西稍微變重也OK。同時製作相同圖案的副包，使用更方便。
(設計 / 岩橋和子)

●製作法144・145頁

## 婚戒圖案的
## 上課用提包
## &波奇包

"婚戒"圖案的上課用提包。容易弄髒的底部使用深色的布料，相同圖案的波奇包可以裝零錢包等小物。
(設計 / 原浩美)

●製作法143頁

佔空間的東西也能輕鬆放進去，搭配副包更方便

# 大尺寸，大容量

# 以花樣裝飾

永遠的熱門主題
除了拼布外，也以貼布縫、刺繡製作花樣

## 樣品拼被的
## 迷你包＆波奇包

圓滾滾的小提包與波奇包以拼布及貼布縫構成，以咖啡色系為底色，以紅色、黃色做點綴，營造年輕氛圍。拉鍊垂片為小樹葉狀。
(設計／辻toshi)

●製作法146頁

**褶飾花朵的
扁平包**

●製作法147頁

以帶狀字母帶褶縫成的 "褶飾花朵"
裝飾的時尚包,懷舊氛圍備受歡迎,
提把使用縫線裝飾的義大利製皮帶。
(設計 / 辻toshi)

## 六角形圖案的汽球包

●製作法148頁

裝上圓底的汽球包，樸實外形最適合休閒裝扮
時使用。亞洲風提把及小花帶扣等，充滿年輕
人喜愛的品味。
(設計 / 辻toshi)

**古董渡假包**

●製作法149頁

底布、配色布都使用古董棉布的渡假包。
內側素色，外側使用印花布的"六角形"
花樣，特徵為現代布料沒有的獨特色調。
(設計／大畑美佳)

## 草莓園圖案包

●製作法150頁

貼布縫上十分可愛的 "草莓園" 圖案。兩側都有
附拉鍊的口袋，整體設計充滿手工製作特有的可
愛與溫馨。

(設計／古澤惠美子)

## 香草園圖案包

以刺繡、貼布縫製作庭院裡的各類香草，用心感受週遭的素材，可以讓您製作出美好作品。
(設計／古澤惠美子・製作／小平浩子)

●製作法151頁

背面

改變顏色

### 義大利蕾絲提把
### 十分新鮮的迷你包

●製作法145頁

如果有感興趣的布料顏色、花樣，偶爾
不妨嘗試製作這樣的簡單拼布。配合服
裝、季節，製作不同顏色、素材的作品也
很有趣喔！
(設計／村井真理子)

## 小花的
## 迷你肩背包

●製作法152頁

配合小花貼布縫，提把也裝上皮製小花的
迷你包。取下附活動鉤的背帶，也可以當
成波奇包收進提包裡。
(設計 / 岩橋和子)

**broken star 圖案
的無側邊時尚包**

甜美的淡粉紅色與雅緻色
調相映成趣的時尚設計提
包，無側邊，簡單俐落。
竹質提把是今年流行的四
角形，能輕鬆放進A4大小
的筆記。
(設計／三池道・
製作／川口麗子)

●製作法152頁

**蒲公英的
化妝包**

●製作法153頁

以紗羅織蕾絲為底，側面製作"蒲公英"
圖案的化妝包。細皮帶提把與蕾絲布料搭
配得恰到好處。是一款從初春到夏季都想
拿出門的提包。
(設計／大畑美佳・製作／柴田順子)

114

## 條紋與蕾絲的
## 浪漫提包

●製作法154頁

以迷你玫瑰的印花布料為中心,加上深淺綠色布料條紋裝飾的甜美提包。蕾絲、緞帶小花讓整體氛圍更加浪漫,最適合搭配輕盈的棉布、薄紗洋裝。(設計／森泉明美)

## 玫瑰包＆波奇包

●製作法155頁

貼布縫的長玫瑰印花布為單一重點，
以四角拼縫圍起。提包側邊與波奇包
也同樣以四角拼縫點綴。
(設計／中山敬子)

# 好搭配的
# 黑白色調

減少使用色彩數量，營造俐落印象。
能在各類場合使用

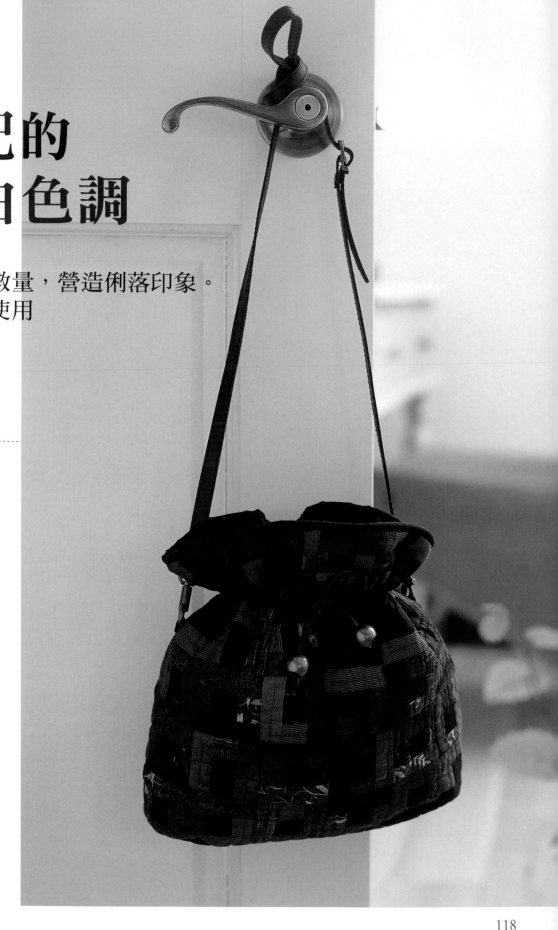

### 小木屋圖案的
### 束口袋型包

以 "小木屋" 圖案製作的
肩背包，是一款能在日常
生活中隨興使用的設計。
附轉環背帶，也能改用短
提把。
(設計／福井佳代子)

●製作法156頁

### 十字路圖案的
### 隨身包

掀蓋上以 "crossword" 圖
案裝飾的隨身包，年輕感
的設計容易搭配。為了營
造輕盈氛圍，肩帶使用有
色帶。
(設計／小池潔子)

●製作法157頁

## 莫列波紋布料
## 雅緻氛圍的肩背包

●製作法157頁

拼縫單色條狀布料的時尚包,兩側與背面
搭配莫列波紋布料,營造奢華氛圍。提把
環使用D環,使整體氛圍增添高雅感覺。
(設計／福井佳代子)

## 俐落氛圍的
## 副包

可以隨手放進錢包，是一款大
小剛好的方便隨身化妝包。柔
軟的皮質提把拿起來很舒服。
(設計／三雲政子)

●製作法154頁

## 水杯圖案的
## 時尚包

"水杯"圖案的時尚都會包，
設計靈感來自"第凡內早餐"
的奧黛麗赫本。
(設計／三雲政子)

●製作法158頁

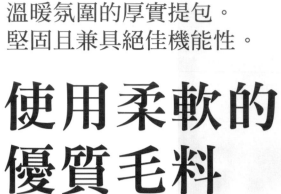

溫暖氛圍的厚實提包。
堅固且兼具絕佳機能性。

# 使用柔軟的
# 優質毛料

### 小花的
### 肩背包

將包扣當成小花，營造出
可愛氛圍的半肩背包。較
粗的有色背帶，使整體的
年輕氛圍更突出。
(設計／加藤禮子·
製作／有原美惠子)

●製作法159頁

### 鈕扣
### 為亮點的
### 水桶包

組合格子、粗花呢毛料的
成熟包款，不只可以外出
時用，還能放進整套拼布
用具，當成道具包使用。
(設計／古澤惠美子)

●製作法159頁

## 搭配洋裝使用，
新鮮印象讓人眼睛為之一亮

# 日式風格

### 時尚漆質提把的
### 外出用提包

搭配獨特塗漆竹質提把設
計的橫長包，開口以布料
覆蓋，看不到提包內部的
設計。側邊與背面使用莫
列波紋布料，營造出高級
氛圍。
(設計／石井真弓)

●製作法160頁

### 圓形提把的雅緻
### 提包＆束口袋

以罕見的 "Rosalia花園"
圖案裝飾的提包＆束口
袋，黑底色與友禪花樣相
映成趣，穿和服時也能拿
的設計。圓形提把以釣線
縫實。
(設計／石井真弓)

●製作法161頁

## 漩渦圖案的日式風格包

●製作法162頁

使用雙面襯將捲成漩渦狀的線封進底布與蟬翼紗間，以獨特手法製作的圖案。組合兔子花樣，十分可愛。為了避免東西掉出，開口處加上布料蓋子。(設計／橫倉節子・製作／鶴見和代)

# 紅樹籽的
# 托特包

紅色樹籽的貼布縫營造出樸實溫
馨氛圍的購物用提包。以縫線壓
住拼布接縫處作為裝飾，容量大
且容易使用也是魅力之一。
(設計／丸山靜江)

●製作法89頁

## 加茂縞
## 手提包3種

以新潟縣加茂市特產－加茂縞製作的午餐用小提包。灰色、深藍色底布上裝飾著織有粗細不同條紋的布料，是能充分展現布料特徵的俐落設計。貼布縫上"蕪菁"圖案的也是同型手提包，玩心十足。

(設計／小林典子)

●製作法90頁

## 使用鋒利的剪刀

剪裁細小布片或貼布縫布料時，鋒利的剪刀為必需品。做過凹凸加工，使布料不容易滑掉的剪刀非常方便。

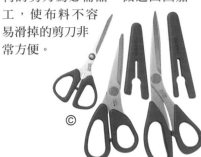

## 讓手邊作業流暢的切線器

套在左手大拇指上，每縫完一部分就用切線器把線切斷。不用每次放下針線用剪刀剪，能提高作業效率。

## 以專用工具製作斜布條

自己製作斜布條時，只要依照尺寸使用製作器，就能簡單作出美觀的斜布條。從後方放進剪好的布條，一邊從前方拉出，一邊用熨斗熨出摺痕即可。

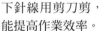

## 請精心選擇拉鍊拉頭，更形時尚

讓作品格調更高的重點之一，細節也不妥協，完成讓您愛不釋手的作品。

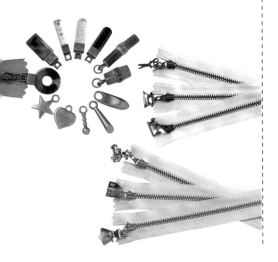

## 壓痕、剪裁要求正確，勤用熨斗

當拼布組合眾多布片，做記號與剪裁要求正確時，就必須勤用熨斗燙平。拼布多用途燙板的砂紙面可以用來壓痕，有刻度的剪裁面則可以用來剪裁，表面的布面還能作為2倍尺寸的熨燙台使用，是不佔空間的三合一優質燙板。

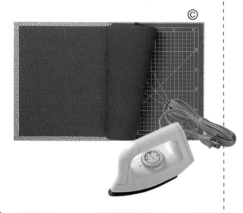

## 使用熱黏著貼簡單製作貼布縫

貼布的黏著面先對準貼布縫布料，以熨斗加熱黏著，然後撕去保護層，再次用熨斗加熱黏著到底布上即可。不用以針固定就能黏著到底布上，也不必擔心出現碎布或布料邊緣糾結。

## 放進底板，讓提包的外形更美麗

切好塑膠製底板，以布料包覆，或是縫進內部使用。底部的形狀美觀，就能使提包的線條更流暢。也可以用硬紙板代用，可是塑膠製能直接拿去洗。

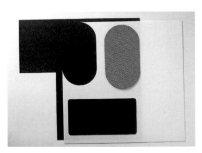

## 拼布用鋪棉請配合布料選擇顏色

拼布用鋪棉的顏色可能會從上方布料透出，或是纖維從拼縫的針縫露出，所以請配合布料選擇顏色。布料顏色較淡時使用白色，布料顏色深時則改用黑色。

## 小型作品拼縫時請使用文鎮

拼縫的作品大小無法使用繡花箍時，可以用文鎮固定布料一端，就能縫得漂亮。

## 皮製提把請使用專用針線

使用真皮、合成皮革材質的提把時，請使用專用針線，強度夠能使提把更為堅固。

〈貼布縫與刺繡〉

ⓐ 以手藝用白膠粘貼

ⓑ 周圍疊上繩子或捲曲緞帶縫合

ⓓ 縫上鈕扣

ⓒ 25號繡線淺綠色2根 輪廓繡 (表布、舖棉也穿過)

① 本體正面拼縫，與舖棉、裡布重疊後假縫 縫份折起後縫

② 貼布縫、刺繡後壓線

③ 背面使用單片布，作法相同

側邊
（表布、舖棉、裡布 各1片）

1.5
壓線
23
12
表布
對折邊
1.3
4
1.5

本體背面
（表布、舖棉、裡布 各1片）

19
0.3
1.2
壓線
24
2.8

提把（表布、布襯 各1片）

1.5
縫
65
活動鉤
0.2
兩端穿過活動鉤

本體正面
（表布、舖棉、裡布各1片）

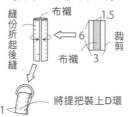

中央
6  6
7
7
14
貼布縫
鈕扣
刺繡

穿D環用布
（表布、布襯 各2片）

縫份折起後縫
布襯
1.5
6
裁剪
布襯
3

1
將提把裝上D環

將提把裝上D環

⑤ 處理放入口

ⓑ 開口滾邊，裝上拉鍊

星止縫

ⓐ 將穿D環用布假縫在側邊並固定

1

④ 製作側邊，與本體正面相對縫合

表布

以本體裡布包起縫份，縫在側邊上

裡布

92
第92頁

## 春季小花的迷你包

材料

拼布・貼布縫用布…白色印花布與蕾絲布料6種、本體背面・側邊・滾邊(斜布條)用布・提把用…藍色系直線條紋45x70cm、裡布・舖棉各90x30cm、布襯(提把)少量、長18cm的拉鍊1條、內徑1.5cm的D環・活動鉤2個、寬0.2cm的捲曲緞帶6色、直徑1cm的貝殼鈕扣6種、25號繡線淺綠色適量

★貼布縫圖案與實物大紙型在C面

---

⑤ 製作穿提把用布

分割縫份
機縫
布襯
4片
9
0.4 縫份
2
裁剪
1

⑥ 裝提把

0.4
4.5
裁剪
縫合
拉緊

〈包扣〉

1.2
1.2
縫襯布
將提把穿過提把用布，滾邊時固定

④ 開口滾邊

1
（正面）
3.5

本體（表布、舖棉、裡布各2片）

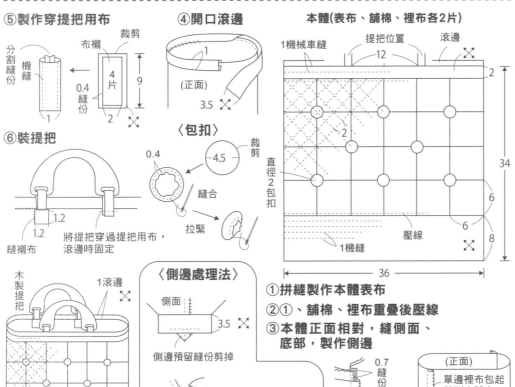

1機械車縫
提把位置
滾邊
12
2
直徑2包扣
2
34
6
6
壓線
8
1機縫
36

① 拼縫製作本體表布

② ①、舖棉、裡布重疊後壓線

③ 本體正面相對，縫側面、底部，製作側邊

木製提把
1滾邊

〈側邊處理法〉

側面
3.5
側邊預留縫份剪掉
底部
縫在底部
側邊縫份以斜布條包起

0.7 縫份
（正面）
單邊裡布包起縫到本體上
側邊10
1

96
第96頁

## 包扣為亮點的托特包

材料

拼布・包扣用布…咖啡色系・綠色系・灰色系・藍色系格子及印花碎布、本體…咖啡色格子50x40cm、滾邊(斜布條)用布…粉色格子3.5x80cm、穿提把用布(斜布條)…粉色格子3x40cm、舖棉・裡布各80x40cm、直徑2cm的包扣16顆、寬約18x高12cm的木製提把1組

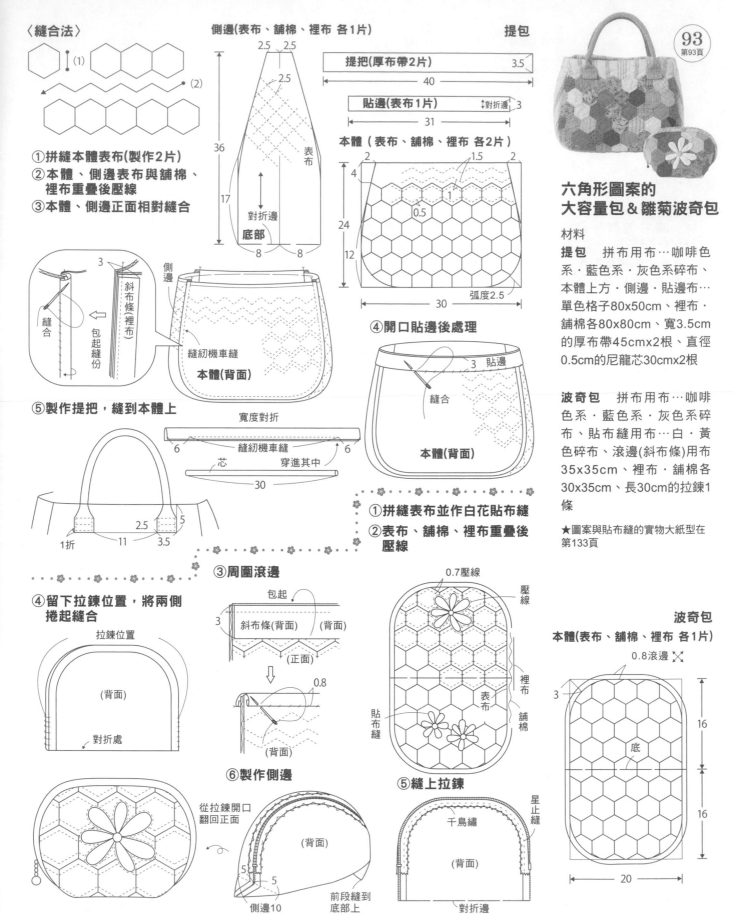

〈縫合法〉

①拼縫本體表布(製作2片)
②本體、側邊表布與舖棉、裡布重疊後壓線
③本體、側邊正面相對縫合

斜布條(裡布)
包起縫份
縫合

側邊
縫紉機車縫
**本體(背面)**

⑤製作提把，縫到本體上

寬度對折
縫紉機車縫
芯　穿進其中
30
6　6
2.5　5
1折　11　3.5

④留下拉鍊位置，將兩側捲起縫合

拉鍊位置
(背面)
對折處

側邊(表布、舖棉、裡布 各1片)

2.5　2.5
2.5
36
17
表布
對折邊
**底部**
8　8

③周圍滾邊

包起
斜布條(背面)　(背面)
3
(正面)
0.8
(背面)

⑥製作側邊

從拉鍊開口翻回正面
(背面)
5
5
側邊10
前段縫到底部上

提包

提把(厚布帶2片)　3.5
40

貼邊(表布1片)　↕對折邊 3
31

本體（表布、舖棉、裡布 各2片）

2　1.5　2
4
1
0.5
24
12
30
弧度2.5

④開口貼邊後處理

貼邊
3
縫合
**本體(背面)**

①拼縫表布並作白花貼布縫
②表布、舖棉、裡布重疊後壓線

0.7壓線
壓線
裡布
表布
舖棉
貼布縫

⑤縫上拉鍊

千鳥繡
星止縫
(背面)
對折邊

93
第93頁

## 六角形圖案的大容量包&雛菊波奇包

材料
**提包**　拼布用布…咖啡色系‧藍色系‧灰色系碎布、本體上方‧側邊‧貼邊布…單色格子80x50cm、裡布‧舖棉各80x80cm、寬3.5cm的厚布帶45cmx2根、直徑0.5cm的尼龍芯30cmx2根

**波奇包**　拼布用布…咖啡色系‧藍色系‧灰色系碎布、貼布縫用布…白‧黃色碎布、滾邊(斜布條)用布35x35cm、裡布‧舖棉各30x35cm、長30cm的拉鍊1條

★圖案與貼布縫的實物大紙型在第133頁

**波奇包**
**本體(表布、舖棉、裡布 各1片)**

0.8滾邊
3
底
16
16
20

③縫上拉鍊

不穿出正面回縫　　縫合

**本體(背面)**

拉鍊(背面)

④縫兩側

**本體(背面)**

本體正面相對

1

⑦裝上提把

皮製提把

從拉鍊開口翻回正面

①拼縫表布，與舖棉、裡布重疊後壓線

包起　　(背面)

**本體(正面)**

裡布
表布
舖棉

②開口處滾邊

縫合　　**本體(背面)**

1

⑥縫上底部

**本體(背面)**

**底部**

本體、底部正面相對

縫份以斜布條包起

本體(表布、舖棉、裡布 各2片)

1滾邊

0.8

18

2

11.75

底部(表布、舖棉、裡布 各1片)

8.2　8.2　2.8

2

6.5

**底部**

6.5

⑤翻回正面，在兩側接合處縫上附D環的布帶

D環

1.5

機縫固定

1.6　寬 × 21.5(2根)

咖啡色棉布帶

縫合

95
第95頁

## 六角形圖案的迷你包

材料

拼布用布…深藍色系・白色系・綠色系・咖啡色系・黑色系碎布、本體・滾邊(斜布條)用布…深咖啡色格子布50x50cm、本體・底部…淡咖啡色布料50x50cm、裡布・舖棉各40x60cm、長21cm的拉鍊1條、直徑寬1.5cm的D環2個、寬1.2cm的附活動鉤皮製提把37cm、寬1.6cm的咖啡色棉布帶45cm

★圖案的實物大紙型在下欄

## 六角形圖案的大容量包&雛菊波奇包

製作法在第132頁

## 六角形圖案的汽球包

製作法在第148頁

〈實物大紙型〉

六角形圖案大容量包&雛菊波奇包

六角形圖案的汽球包

雛菊波奇包

雛菊波奇包正面

雛菊波奇包背面

六角形圖案的迷你包

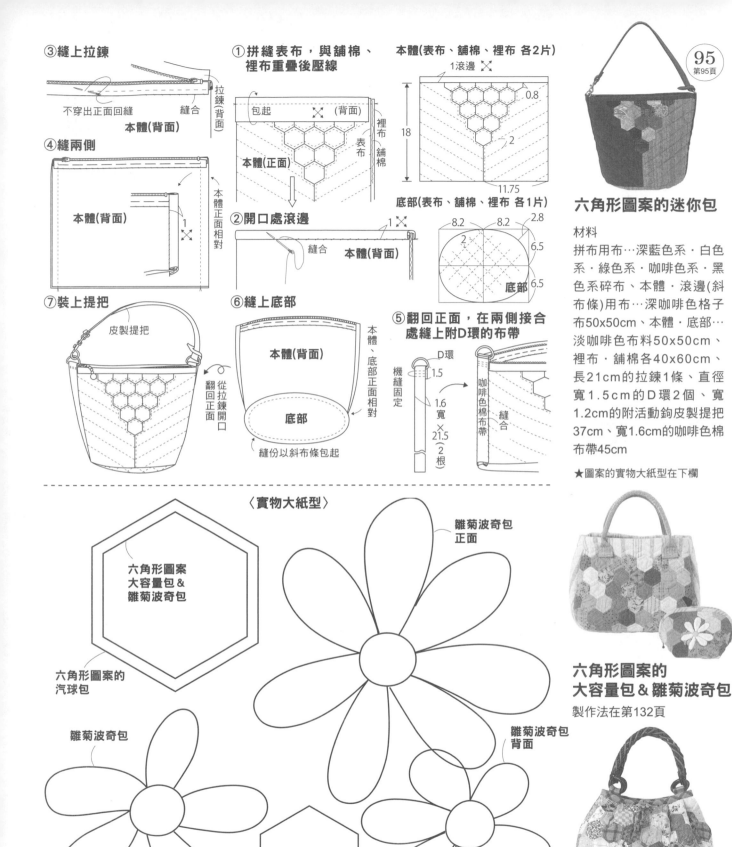

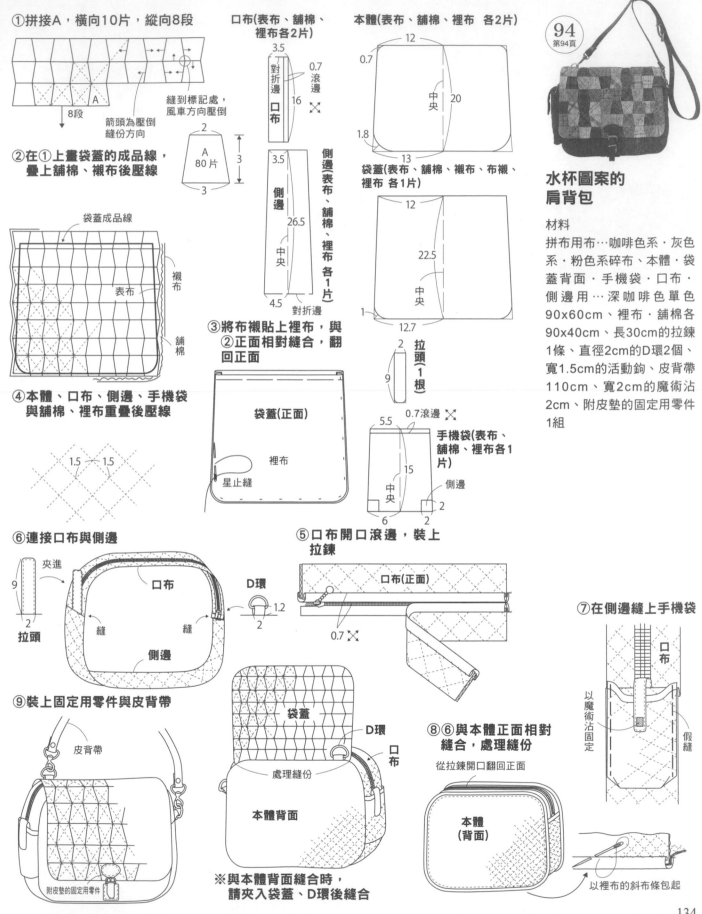

①拼接A，橫向10片，縱向8段

8段

↓

縫到標記處，
風車方向壓倒

箭頭為壓倒
縫份方向

②在①上畫袋蓋的成品線，
　疊上舖棉、襯布後壓線

袋蓋成品線

襯布

表布

舖棉

④本體、口布、側邊、手機袋
　與舖棉、裡布重疊後壓線

1.5　1.5

⑥連接口布與側邊

夾進

9

2

拉頭

口布

縫　　　縫

側邊

D環

1.2

2

⑨裝上固定用零件與皮背帶

皮背帶

附皮墊的固定用零件

口布(表布、舖棉、
裡布各2片)

3.5

對折邊

0.7
滾邊

16

口布

3.5

側邊

26.5

中央

4.5　對折邊

A
80片

2

3
3

3

側邊(表布、
舖棉、
裡布
各1片)

③將布襯貼上裡布，與
　②正面相對縫合，翻
　回正面

袋蓋(正面)

裡布

星止縫

⑤口布開口滾邊，裝上
　拉鍊

口布(正面)

0.7 ✕

袋蓋

D環

口布

處理縫份

本體背面

※與本體背面縫合時，
　請夾入袋蓋、D環後縫合

本體(表布、舖棉、裡布　各2片)

0.7　12　　20
中央
1.8
13

袋蓋(表布、舖棉、襯布、布襯、
裡布　各1片)

12

22.5

中央

1
12.7

2
拉頭(1根)
9

0.7滾邊 ✕

5.5

15
中央

手機袋(表布、
舖棉、裡布各1
片)

側邊

2

6　2

⑧⑥與本體正面相對
　縫合，處理縫份

從拉鍊開口翻回正面

本體
(背面)

水杯圖案的
肩背包

材料
拼布用布…咖啡色系‧灰色
系‧粉色系碎布、本體‧袋
蓋背面‧手機袋‧口布‧
側邊用…深咖啡色單色
90x60cm、裡布‧舖棉各
90x40cm、長30cm的拉鍊
1條、直徑2cm的D環2個、
寬1.5cm的活動鉤、皮背帶
110cm、寬2cm的魔術沾
2cm、附皮墊的固定用零件
1組

⑦在側邊縫上手機袋

口布

以魔術沾固定

假縫

以裡布的斜布條包起

134

〈實物大紙型〉

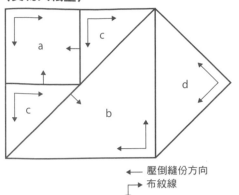

← 壓倒縫份方向
→ 布紋線

本體(表布、舖棉、裡布 各2片)

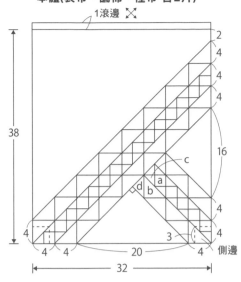

1滾邊

38
16
32
20
4 4 4 3 4
側邊
c
d b a

① 拼縫製作表布
② 疊壓線痕
③ 表布、舖棉、裡布重疊後壓線

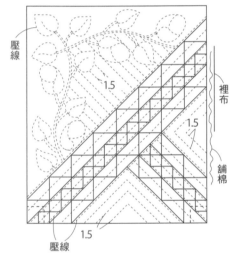

壓線
1.5
1.5
1.5
裡布
舖棉
壓線

〈拼縫法〉

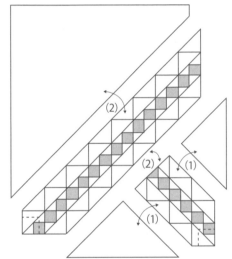

(2)
(2)
(1)
(1)

97
第97頁

**四角拼縫的
肩背包**

材料
拼布用布…深咖啡色系・深
綠色系・紅色系・粉色系碎
布・本體・滾邊用布…淡咖
啡色系單色90x50cm、裡
布・舖棉各90x45cm、寬
1cm的皮製提把55cm2根

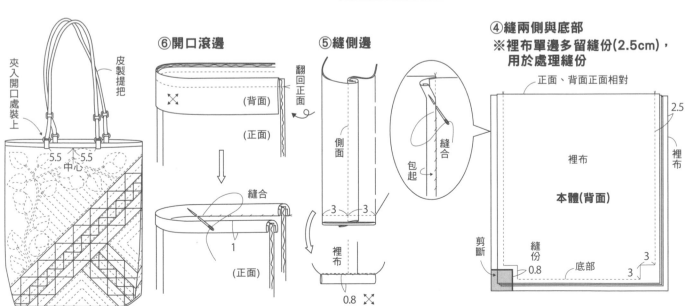

夾入開口處裝上
皮製提把
5.5 5.5
中心

⑥開口滾邊
(背面)
(正面)
縫合
1
(正面)
翻回正面

⑤縫側邊
側面
3 3
裡布
0.8
翻回正面

④縫兩側與底部
※裡布單邊多留縫份(2.5cm)，
　用於處理縫份
縫合
包起
正面、背面正面相對
2.5
裡布
裡布
本體(背面)
剪斷
縫份
0.8
底部
3
3

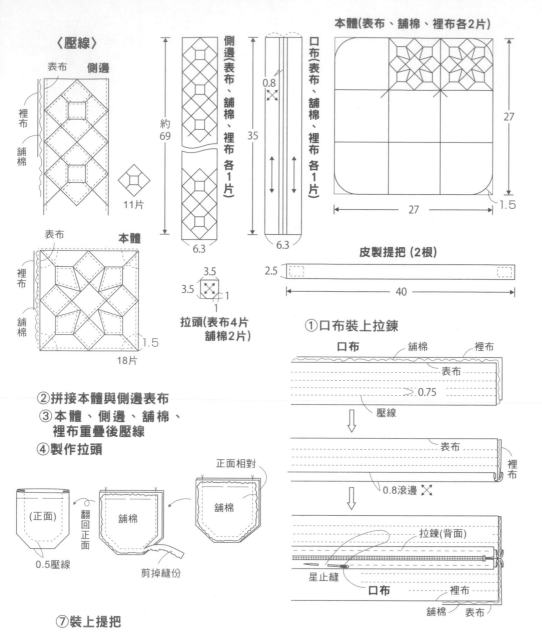

〈壓線〉

表布　側邊

裡布　舖棉

11片

側邊(表布、舖棉、裡布 各1片)

約69

35

6.3

0.8

6.3

口布(表布、舖棉、裡布 各1片)

本體(表布、舖棉、裡布各2片)

27

27

1.5

皮製提把 (2根)

2.5

40

表布

本體

裡布　舖棉

1.5

18片

3.5

3.5

1

1

拉頭(表布4片 舖棉2片)

②拼接本體與側邊表布
③本體、側邊、舖棉、裡布重疊後壓線
④製作拉頭

(正面)

0.5壓線

翻回正面

舖棉

正面相對

舖棉

剪掉縫份

①口布裝上拉鍊

口布　舖棉　裡布

表布

0.75

壓線

表布

裡布

0.8滾邊

拉鍊(背面)

星止縫

口布　裡布

舖棉　表布

公事包型的提包

材料

拼布用布…粉色‧橘色系‧黃色系‧綠色系‧深咖啡色系碎布、側邊拼布‧拉頭‧滾邊(斜布條)用布…深咖啡色印花布30x40cm、側邊‧口布(含本體拼布用布)…深咖啡色系布料40x40cm、裡布‧舖棉各75x50cm、寬2.5cm的皮製提把40cmx2根、長34cm的拉鍊1條

⑦裝上提把

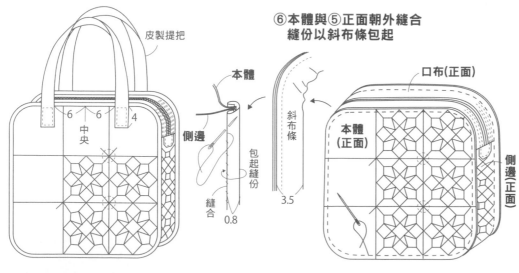

皮製提把

6　6　4

中央

本體

側邊

包起縫份

縫合

0.8

⑥本體與⑤正面朝外縫合
縫份以斜布條包起

斜布條

3.5

口布(正面)

本體(正面)

側邊(正面)

⑤口布與側邊縫合(口布與側邊的縫合部分多留裡布後剪斷,以包起縫份處理)

口布

側邊

夾入拉頭縫合

裡布

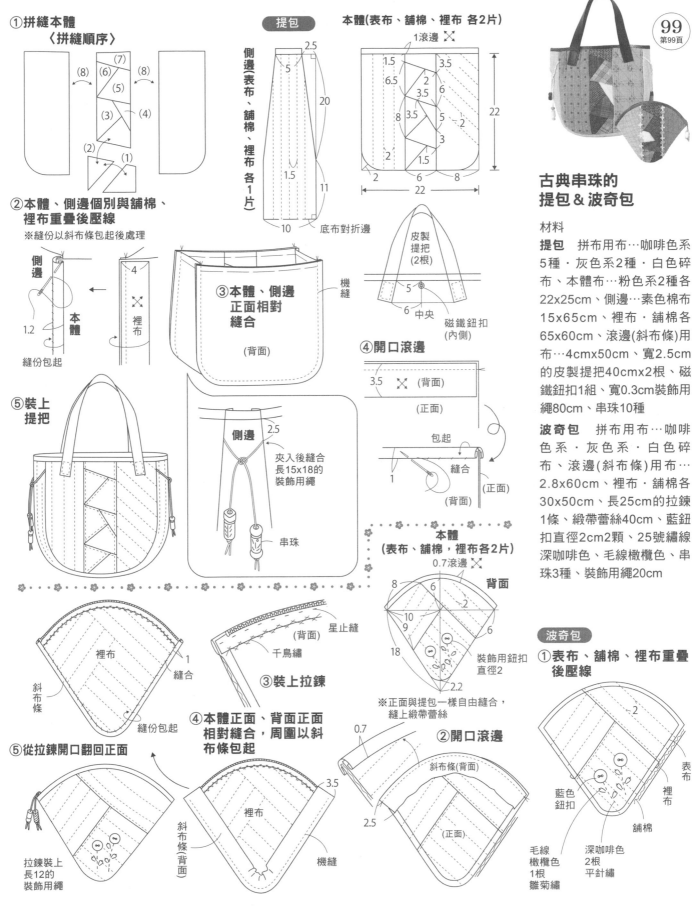

① 拼縫本體
〈拼縫順序〉

(8) (6) (7) (8)
(5)
(3) (4)
(2)
(1)

② 本體、側邊個別與舖棉、裡布重疊後壓線
※縫份以斜布條包起後處理

側邊
4
本體
裡布
1.2
縫份包起

⑤ 裝上提把

側邊(表布、舖棉、裡布 各1片)
2.5
5
20
11
1.5
10
底布對折邊

本體(表布、舖棉、裡布 各2片)
1滾邊
1.5 3.5
6.5 2
3.5 6
8 3.5 5
3 2
2
1.5
2 6 8
22
22

③ 本體、側邊正面相對縫合
機縫
(背面)

皮製提把(2根)
5
6 中央
磁鐵鈕扣(內側)

④ 開口滾邊
3.5 (背面)
(正面)
包起
1 縫合
(正面)
(背面)

側邊 2.5
夾入後縫合長15x18的裝飾用繩
串珠

## 古典串珠的提包＆波奇包

材料

**提包** 拼布用布…咖啡色系5種・灰色系2種・白色碎布、本體布…粉色系2種各22x25cm、側邊…素色棉布15x65cm、裡布・舖棉各65x60cm、滾邊(斜布條)用布…4cmx50cm、寬2.5cm的皮製提把40cmx2根、磁鐵鈕扣1組、寬0.3cm裝飾用繩80cm、串珠10種

**波奇包** 拼布用布…咖啡色系・灰色系・白色碎布、滾邊(斜布條)用布…2.8x60cm、裡布・舖棉各30x50cm、長25cm的拉鍊1條、緞帶蕾絲40cm、藍鈕扣直徑2cm2顆、25號繡線深咖啡色、毛線橄欖色、串珠3種、裝飾用繩20cm

本體(表布、舖棉，裡布各2片)
0.7滾邊
背面
8 6
2
10
9 6
18
裝飾用鈕扣直徑2
2.2
※正面與提包一樣自由縫合，縫上緞帶蕾絲

裡布
1 縫合
斜布條
縫份包起

星止縫
(背面)
千鳥繡
③ 裝上拉鍊

④ 本體正面、背面正面相對縫合，周圍以斜布條包起
裡布
斜布條(背面)
3.5
機縫

② 開口滾邊
0.7
斜布條(背面)
2.5
(正面)

波奇包

① 表布、舖棉、裡布重疊後壓線
2
藍色鈕扣
表布
裡布
舖棉
毛線橄欖色1根雛菊繡
深咖啡色2根平針繡

⑤ 從拉鍊開口翻回正面
拉鍊裝上長12的裝飾用繩

137

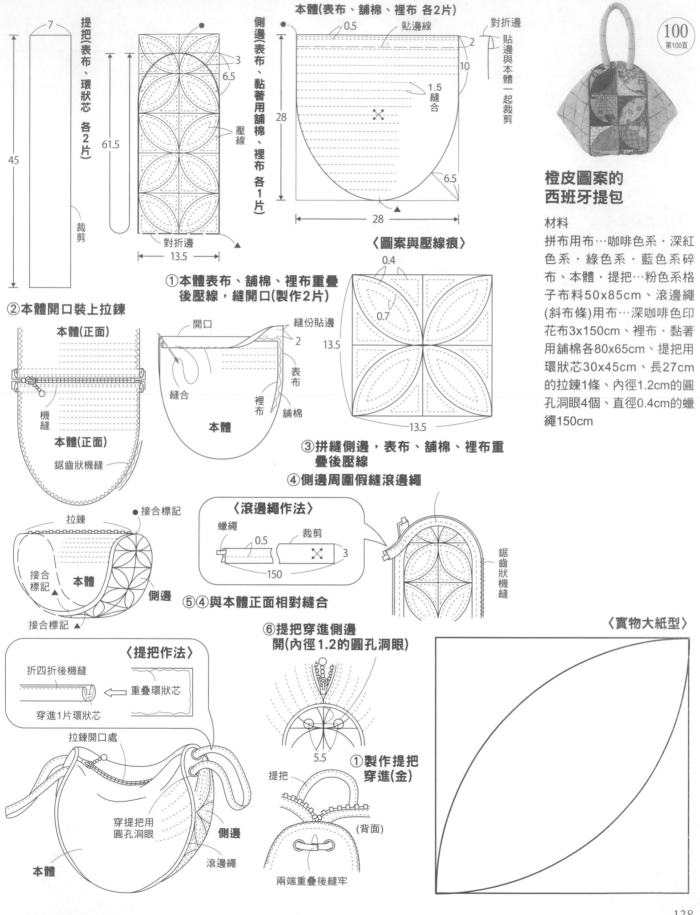

提把(表布、環狀芯 各2片)

45
7
61.5
裁剪

3
6.5
壓線
13.5
對折邊 ▲

側邊(表布、黏著用舖棉、裡布 各1片)

本體(表布、舖棉、裡布 各2片)

0.5 貼邊線
對折邊
貼邊線與本體一起裁剪
2
10
1.5 縫合
28
6.5
28

〈圖案與壓線痕〉

0.4
0.7
13.5
13.5

橙皮圖案的
西班牙提包

材料
拼布用布…咖啡色系・深紅
色系・綠色系・藍色系碎
布、本體・提把…粉色系格
子布料50x85cm、滾邊繩
(斜布條)用布…深咖啡色印
花布3x150cm、裡布・黏著
用舖棉各80x65cm、提把用
環狀芯30x45cm、長27cm
的拉鍊1條、內徑1.2cm的圓
孔洞眼4個、直徑0.4cm的蠟
繩150cm

① 本體表布、舖棉、裡布重疊
後壓線,縫開口(製作2片)

② 本體開口裝上拉鍊

本體(正面)
本體(正面)
機縫
鋸齒狀機縫

開口
縫份貼邊
2
表布
裡布
舖棉
縫合
本體

③ 拼縫側邊,表布、舖棉、裡布重
疊後壓線

④ 側邊周圍假縫滾邊繩

〈滾邊繩作法〉
蠟繩
裁剪
0.5
3
150

⑤④與本體正面相對縫合

拉鍊
接合標記 ●
接合標記
接合標記 ▲
本體
側邊
鋸齒狀機縫

〈提把作法〉
折四折後機縫
重疊環狀芯
穿進1片環狀芯

⑥ 提把穿進側邊
開(內徑1.2的圓孔洞眼)

5.5

① 製作提把
穿進(金)

提把
(背面)

拉鍊開口處
穿提把用
圓孔洞眼
本體
側邊
滾邊繩

兩端重疊後縫牢

〈實物大紙型〉

① 拼縫製作表布

本體(表布、舖棉、裡布 各1片)

6
26
2
0.4
8
8
1
32

② 假縫後壓線

紙型線
裡布
舖棉

側邊(表布、舖棉、裡布 各1片)
0.8
拉鍊40
1
8
1.5
20
10
6
提把位置
中央
裡布
舖棉
64

提把(表布、舖棉 各2片)
30
3
30

③ 疊上紙型裁剪
1縫份
紙型標記
0.2機縫
裡布
舖棉

④ 側邊裝上拉鍊後壓線
側邊(正面)
1
0.5向內折
剪開
0.5
表布
裡布
舖棉

1
與拉鍊布縫合
夾進拉頭

拉頭
1
1.5
1.5

⑤ 製作提把，假縫在側邊上
正面相對重疊
(背面)
3
翻回正面
(正面)
壓線
放進舖棉

提把

⑥ 本體、側邊正面朝外縫合

斜布條
1
本體(正面)
拉頭
側邊

⑦ 縫份以斜布條包起

101
第101頁

雪花圖案的
迷你波士頓包

材料
拼布用布…粉色系‧粉紅色系‧咖啡色系‧藍色系‧深紅色系‧黃色系印花碎布、側邊‧提把…咖啡色系格子布70x20cm、提把‧滾邊(斜布條)用布…咖啡色、紅色格子布60x50cm、裡布‧舖棉各90x50cm、長40cm的拉鍊1條

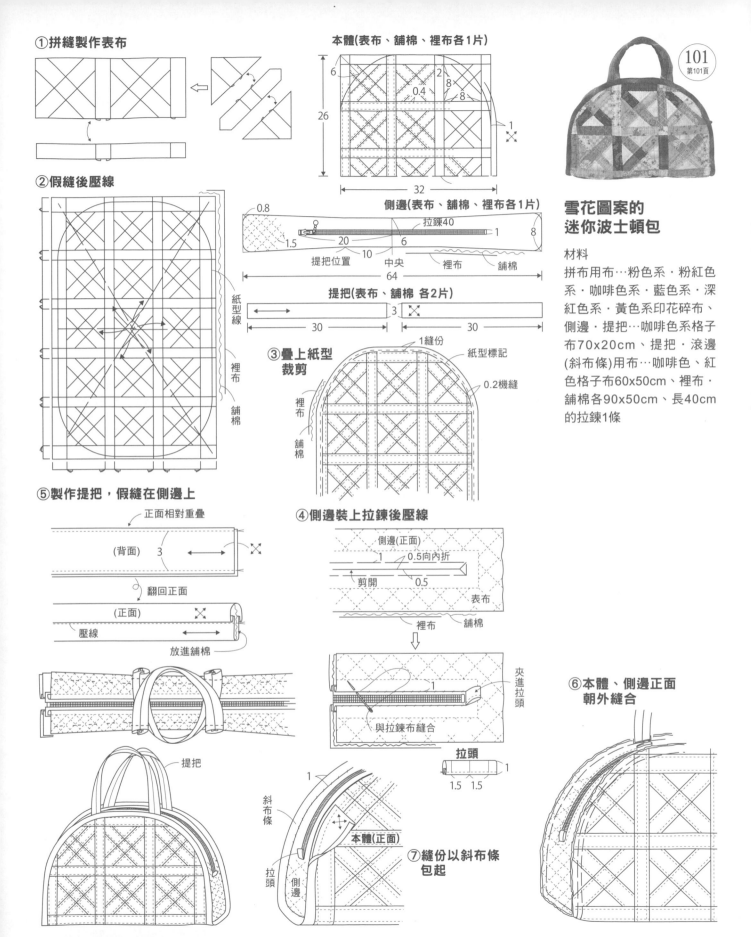

① 拼縫本體
　製作表布

② 表布、舖棉、
　裡布重疊後壓線

③ 本體兩側假縫滾
　邊繩，開口滾邊

側邊
（表布、舖棉、裡布 各2片）

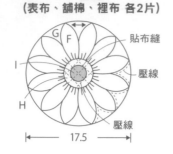

貼布縫
壓線
壓線

17.5

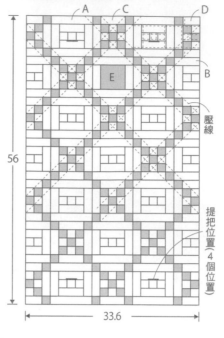

本體（表布、舖棉、裡布 各1片）

A　C　D

E

B

壓線

提把位置（4個位置）

56

33.6

102
第102頁

大理花圖案的
波士頓包

材料

拼布用布…深紅色系・咖啡色系・灰色系碎布、提把・穿提把用布・滾邊（斜布條）用布・滾邊繩（斜布條）用布…黑x粉色芭蕉布110x110cm、中袋布・內袋…黑色莫列波紋布60x80cm、裡布55x60cm、舖棉65x60cm、長16cm的拉鍊2條、內徑2cm的方形零件4個、布帶120cm、普通粗細毛線（滾邊繩用）適量

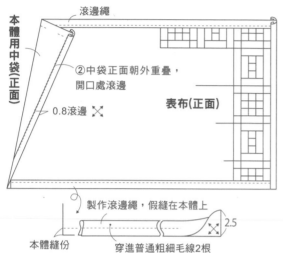

滾邊繩

本體用中袋（正面）

② 中袋正面朝外重疊，
　開口處滾邊

0.8滾邊

表布（正面）

製作滾邊繩，假縫在本體上

本體縫份

2.5

穿進普通粗細毛線2根

⑤ 開口裝上拉鍊
邊緣以人字繡處理

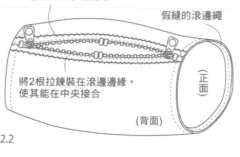

假縫的滾邊繩

將2根拉鍊裝在滾邊邊緣，
使其能在中央接合

正面

（背面）

④ 製作穿提把用布與提把

舖棉

提把（2片）

2.2

1　　45　　1

穿提把用布（4片）

舖棉

2.2

2
10

穿過零件後固定

(1)中央縫合，放平後拉緊

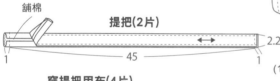

(4)
花瓣（F）周圍
壓線，花芯
（H、I）壓線

(2)
舖棉、裡布
重疊後假縫

裡布
舖棉

(3)將H貼布縫在中央，
其上再貼布縫

⑥ 製作側邊
布片F、G縫成環狀

G
F

從標記縫到標記，
縫份向F壓倒

分割縫份

⑦ 側邊中袋布裝上內袋

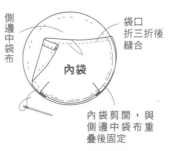

側邊中袋布

袋口
折三折後縫合

內袋

內袋剪開，與側邊中袋布重疊後固定

⑨ 將提把穿過穿提把
用零件後縫牢

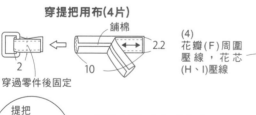

提把
反折
縫份1

提把

穿提把用

⑧ 本體、側邊正面相對縫合，
縫份與布帶以中袋布之斜布
條包起後處理

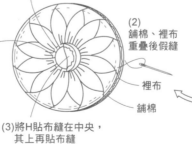

ⓑ
機縫

ⓐ
鬆開裝置的拼縫

縫合線

位置

本體

ⓒ 推回原處後縫合

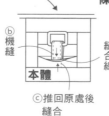

內袋

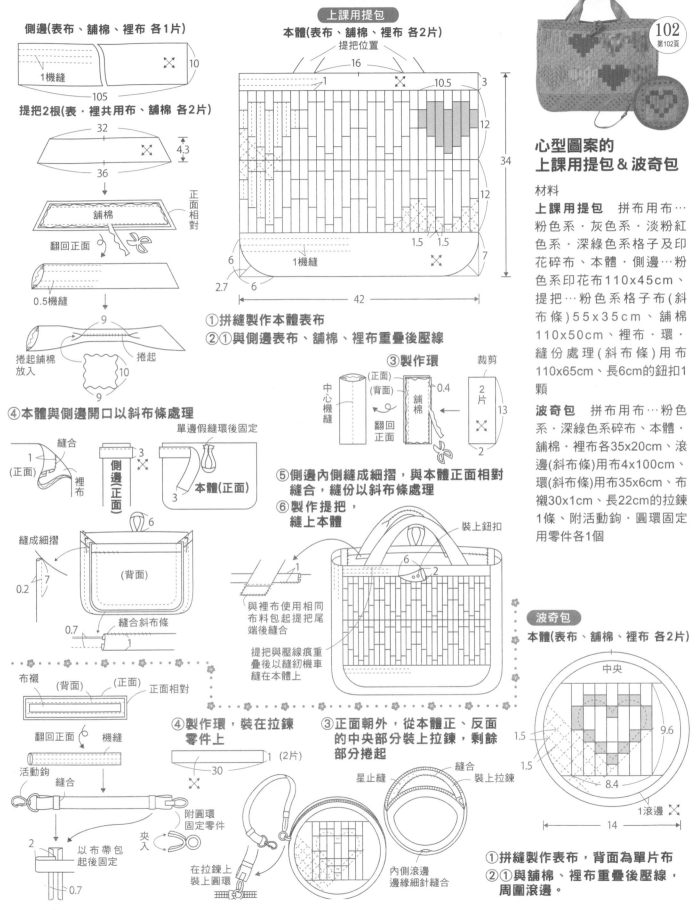

側邊(表布、舖棉、裡布 各1片)

1機縫

105

10

提把2根(表・裡共用布、舖棉 各2片)

32

4.3

36

舖棉

翻回正面

正面相對

0.5機縫

捲起舖棉放入

捲起

9

10

9

④本體與側邊開口以斜布條處理

縫合

1
(正面)

裡布

單邊假縫環後固定

側邊(正面)

3

本體(正面)

3

縫成細摺

6

(背面)

0.2

7

縫合斜布條

0.7

1

布襯
(背面)

(正面)

正面相對

翻回正面

機縫

活動鉤

縫合

2

以布帶包起後固定

夾入

0.7

本體(表布、舖棉、裡布 各2片)

提把位置

16

1

10.5

3

12

34

12

1.5  1.5

6

1機縫

7

2.7  6

42

①拼縫製作本體表布
②①與側邊表布、舖棉、裡布重疊後壓線

③製作環

裁剪

中心機縫

(正面)

(背面)

舖棉

0.4

翻回正面

2片

13

2

⑤側邊內側縫成細摺,與本體正面相對縫合,縫份以斜布條處理
⑥製作提把,縫上本體

裝上鈕扣

與裡布使用相同布料包起提把尾端後縫合

提把與壓線痕重疊後以縫紉機車縫在本體上

6

2

④製作環,裝在拉鍊零件上

1  (2片)

30

在拉鍊上裝上圓環

附圓環固定零件

③正面朝外,從本體正、反面的中央部分裝上拉鍊,剩餘部分捲起

星止縫

縫合

裝上拉鍊

內側滾邊
邊緣細針縫合

102
第102頁

心型圖案的
上課用提包&波奇包

材料
上課用提包 拼布用布…粉色系・灰色系・淡粉紅色系・深綠色系格子及印花碎布、本體・側邊…粉色系印花布110x45cm、提把…粉色系格子布(斜布條)55x35cm、舖棉110x50cm、裡布・環・縫份處理(斜布條)用布110x65cm、長6cm的鈕扣1顆

波奇包 拼布用布…粉色系・深綠色系碎布、本體・舖棉・裡布各35x20cm、滾邊(斜布條)用布4x100cm、環(斜布條)用布35x6cm、布襯30x1cm、長22cm的拉鍊1條・附活動鉤・圓環固定用零件各1個

本體(表布、舖棉、裡布 各2片)

中央

9.6

1.5

1.5

8.4

1滾邊

14

①拼縫製作表布,背面為單片布
②①與舖棉、裡布重疊後壓線,周圍滾邊。

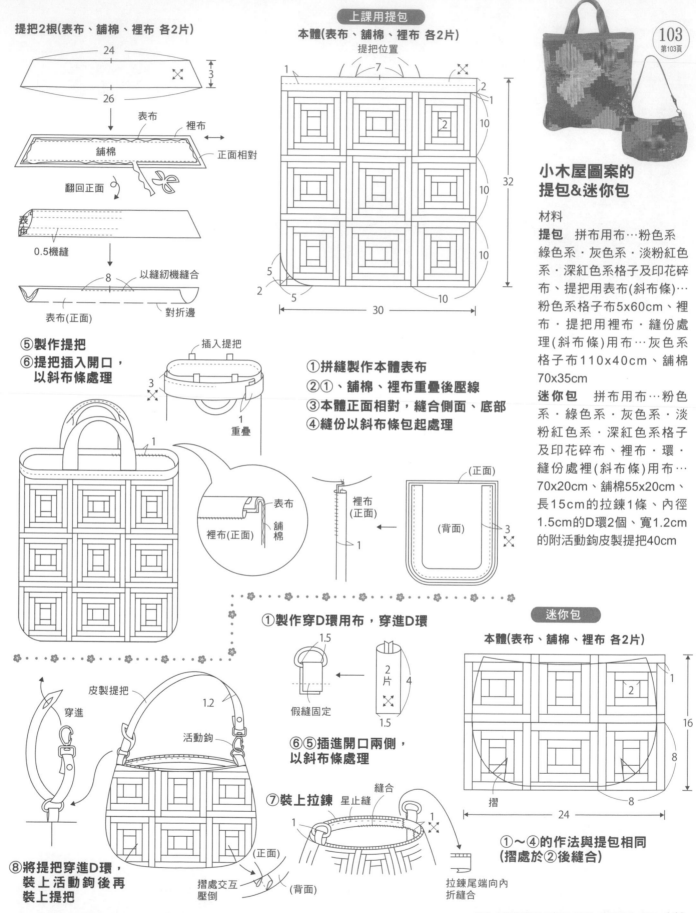

提把2根(表布、舖棉、裡布 各2片)

24

3

26

表布

裡布

舖棉

正面相對

翻回正面

表布

0.5機縫

表布(正面)

8 以縫紉機縫合

對折邊

⑤製作提把
⑥提把插入開口，
　以斜布條處理

插入提把

3

1

重疊

## 上課用提包

本體(表布、舖棉、裡布 各2片)

提把位置

1

7

2

1

2

10

10

10

32

5

2

5

30

10

①拼縫製作本體表布
②①、舖棉、裡布重疊後壓線
③本體正面相對，縫合側面、底部
④縫份以斜布條包起處理

表布

裡布(正面)

舖棉

裡布(正面)

1

(正面)

(背面)

3

①製作穿D環用布，穿進D環

1.5

2片

4

假縫固定

1.5

⑥⑤插進開口兩側，
　以斜布條處理

⑦裝上拉鍊

縫合

星止縫

1

1

(正面)

(背面)

摺處交互
壓倒

拉鍊尾端向內
折縫合

皮製提把

穿進

1.2

活動鉤

⑧將提把穿進D環，
　裝上活動鉤後再
　裝上提把

## 小木屋圖案的
## 提包&迷你包

材料
**提包**　拼布用布…粉色系‧
綠色系‧灰色系‧淡粉紅色
系‧深紅色系格子及印花碎
布、提把用表布(斜布條)…
粉色系格子布5x60cm、裡
布‧提把用裡布‧縫份處
理(斜布條)用布…灰色系
格子布110x40cm、舖棉
70x35cm
**迷你包**　拼布用布…粉色
系‧綠色系‧灰色系‧淡
粉紅色系‧深紅色系格子
及印花碎布、裡布‧環‧
縫份處裡(斜布條)用布…
70x20cm、舖棉55x20cm、
長15cm的拉鍊1條、內徑
1.5cm的D環2個、寬1.2cm
的附活動鉤皮製提把40cm

## 迷你包

本體(表布、舖棉、裡布 各2片)

1

2

16

8

摺

24

8

①～④的作法與提包相同
(摺處於②後縫合)

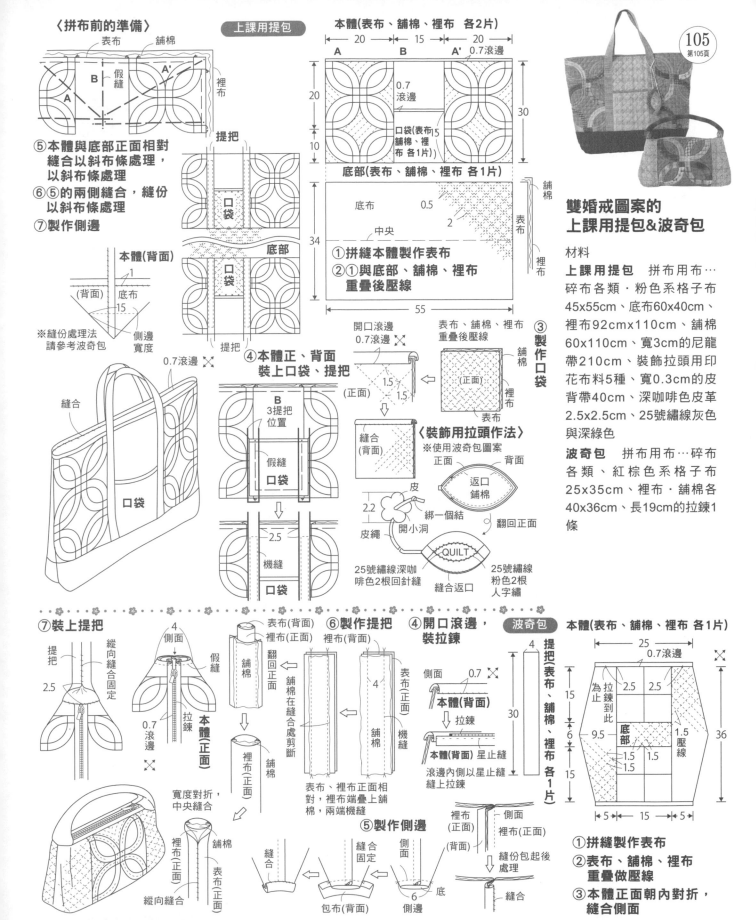

## 〈拼布前的準備〉

上課用提包

本體(表布、舖棉、裡布 各2片)

雙婚戒圖案的
上課用提包&波奇包

材料

**上課用提包** 拼布用布…
碎布各類·粉色系格子布
45x55cm、底布60x40cm、
裡布92cmx110cm、舖棉
60x110cm、寬3cm的尼龍
帶210cm、裝飾拉頭用印
花布料5種、寬0.3cm的皮
背帶40cm、深咖啡色皮革
2.5x2.5cm、25號繡線灰色
與深綠色

**波奇包** 拼布用布…碎布
各類、紅棕色系格子布
25x35cm、裡布·舖棉各
40x36cm、長19cm的拉鍊1
條

⑤本體與底部正面相對
縫合以斜布條處理，
以斜布條處理
⑥⑤的兩側縫合，縫份
以斜布條處理
⑦製作側邊

①拼縫本體製作表布
②①與底部、舖棉、裡布
重疊後壓線

③製作口袋

④本體正、背面
裝上口袋、提把

〈裝飾用拉頭作法〉
※使用波奇包圖案

綁一個結
翻回正面
QUILT
25號繡線深咖
啡色2根回針縫
25號繡線
粉色2根
人字繡
縫合返口

※縫份處理法
請參考波奇包

⑦裝上提把

⑥製作提把

④開口滾邊，
裝拉鍊

波奇包

本體(表布、舖棉、裡布 各1片)

⑤製作側邊

①拼縫製作表布
②表布、舖棉、裡布
重疊做壓線
③本體正面朝內對折，
縫合側面

143 ★圖案的實物大紙型在C面

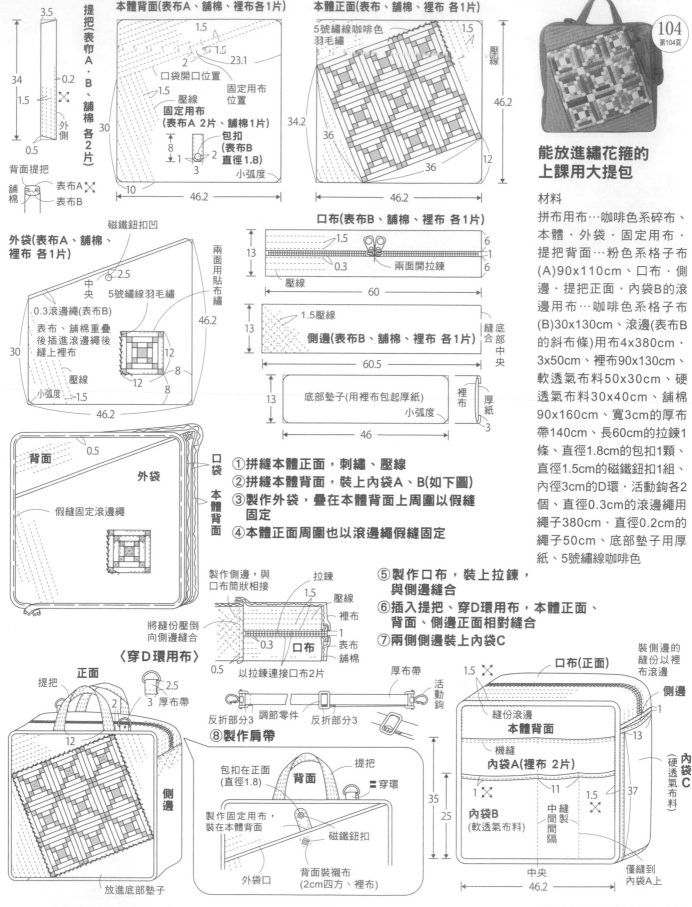

提把(表布A·B、舖棉 各2片)

3.5

34
1.5
0.2
外側
0.5

背面提把
舖棉
表布A
表布B

本體背面(表布A、舖棉、裡布 各1片)

1.5
1.5
2
23.1
口袋開口位置
1.5
壓線
固定用布位置
固定用布
(表布A 2片、舖棉1片)
8
1
包扣
(表布B
直徑1.8)
2
3
小弧度
30
10
46.2

本體正面(表布、舖棉、裡布 各1片)

5號繡線咖啡色
羽毛繡
1.5
壓線
46.2
34.2
36
36
12
46.2

104
第104頁

**能放進繡花箍的
上課用大提包**

材料

拼布用布…咖啡色系碎布、本體·外袋·固定用布·提把背面…粉色系格子布(A)90x110cm、口布·側邊·提把正面·內袋B的滾邊用布…咖啡色系格子布(B)30x130cm、滾邊(表布B的斜布條)用布4x380cm·3x50cm、裡布90x130cm、軟透氣布料50x30cm、硬透氣布料30x40cm、舖棉90x160cm、寬3cm的厚布帶140cm、長60cm的拉鍊1條、直徑1.8cm的包扣1顆、直徑1.5cm的磁鐵鈕扣1組、內徑3cm的D環·活動鉤各2個、直徑0.3cm的滾邊繩用繩子380cm·直徑0.2cm的繩子50cm、底部墊子用厚紙、5號繡線咖啡色

外袋(表布A、舖棉、裡布 各1片)

磁鐵鈕扣凹
中央
2.5
5號繡線羽毛繡
0.3滾邊繩(表布B)
表布、舖棉重疊後插進滾邊繩後縫上裡布
壓線
小弧度
1.5
30
46.2
兩面用貼布繡
46.2
12
8
12
8

口布(表布B、舖棉、裡布 各1片)

1.5
13
0.3
兩面開拉鍊
壓線
6
1
6
60

側邊(表布B、舖棉、裡布 各1片)

1.5壓線
13
60.5
縫合底部中央

底部墊子(用裡布包起厚紙)
13
小弧度
裡布
厚紙
3
46

背面
0.5
外袋
假縫固定滾邊繩

口袋
外袋
本體背面

①拼縫本體正面，刺繡、壓線
②拼縫本體背面，裝上內袋A、B(如下圖)
③製作外袋，疊在本體背面上周圍以假縫固定
④本體正面周圍也以滾邊繩假縫固定

製作側邊，與口布筒狀相接
拉鍊
1.5
壓線
裡布
將縫邊壓倒向側邊縫合
1
0.3
0.5
口布
表布
舖棉
以拉鍊連接口布2片

⑤製作口布，裝上拉鍊，與側邊縫合
⑥插入提把、穿D環用布，本體正面、背面、側邊正面相對縫合
⑦兩側側邊裝上內袋C

〈穿D環用布〉

正面
提把
2
12
2.5
3 厚布帶
側邊

反折部分3
調節零件
反折部分3
厚布帶
活動鉤

⑧製作肩帶

包扣在正面
(直徑1.8)
提把
背面
穿環
製作固定用布，裝在本體背面
磁鐵鈕扣
外袋口
背面裝襯布
(2cm四方、裡布)

裝側邊的縫份以裡布滾邊
口布(正面)
縫份滾邊
1.5
側邊
1
**本體背面**
13
機縫
**內袋A(裡布 2片)**
1
11
1.5
37
**內袋B**
(軟透氣布料)
中縫間製間隔
35
25
中央
46.2
內袋C
(硬透氣布料)
僅縫到內袋A上

〈側邊作法〉

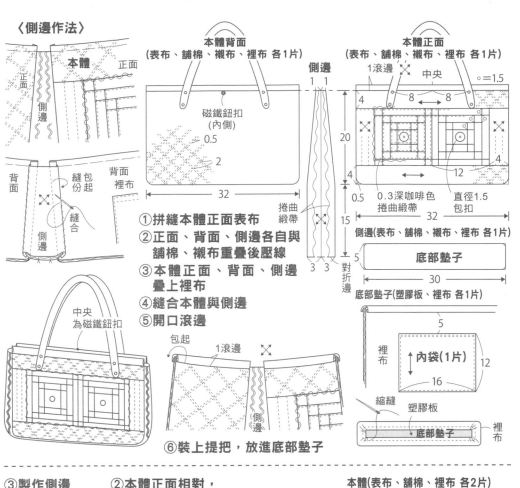

本體背面
（表布、舖棉、襯布、裡布 各1片）

側邊
1 1

磁鐵鈕扣
（內側）
0.5
2
32

本體正面
（表布、舖棉、襯布、裡布 各1片）

1滾邊
中央
○=1.5
4
8 8
20
4
12
0.5
4
0.3深咖啡色
捲曲緞帶
直徑1.5
包扣
32
15

①拼縫本體正面表布
②正面、背面、側邊各自與
　舖棉、襯布重疊後壓線
③本體正面、背面、側邊
　疊上裡布
④縫合本體與側邊
⑤開口滾邊

捲曲
緞帶
3 3
對折邊

側邊（表布、舖棉、襯布、裡布 各1片）
底部墊子
30
5

底部墊子（塑膠板、裡布 各1片）
5
裡布
內袋(1片)
16
12
縮縫
塑膠板
底部墊子
裡布

⑥裝上提把，放進底部墊子

本體（表布、舖棉、裡布 各2片）
10
5
中央
8
25
2
10.5
2
26

皮製提把(2根)
28
1.4
側邊

※縫份以熨斗分割

③製作側邊
2 2
④以裡布同樣
　製作中袋
　放進本體中

②本體正面相對，
　縫合兩側與底部
側面　舖棉　側面
底部

貼邊（表布、布襯 各2片）
4

⑤裝上貼邊
貼邊(背面)
插入提把

提把
貼邊
縫合
裡布
表布
舖棉

10
鈕扣上裝串珠

貼邊
貼襯
本體
(正面)
縫份完成後上折

①拼縫表布後疊上舖棉，
　貼布縫
淺綠色緞帶1
1
貼布縫
11
3.5
綠色緞帶
舖棉
緞帶
本體(正面)

104
第104頁

## 副包

材料
拼布用布…咖啡色系碎布、
本體‧側邊‧開口用滾邊…
咖啡系格子布90x60cm、
裡布‧襯布‧舖棉 各
70x50cm、直徑1.5cm的包
扣2顆、寬0.3cm的捲曲緞
帶220cm、磁鐵鈕扣1組、
寬1.8cm的皮製提把42cmx2
根、塑膠板5x20cm

112
第112頁

## 義大利蕾絲提把
## 十分新鮮的迷你包

材料
拼布‧貼布縫用布…黃色
系‧淺綠色系碎布、黏著用
舖棉‧裡布各60x30cm、貼
邊用布‧布襯各8x28cm、
寬1cm的緞帶適量、寬
1.4cm的皮製提把60cm、直
徑1.5cm的貝殼鈕扣‧串珠
各1顆

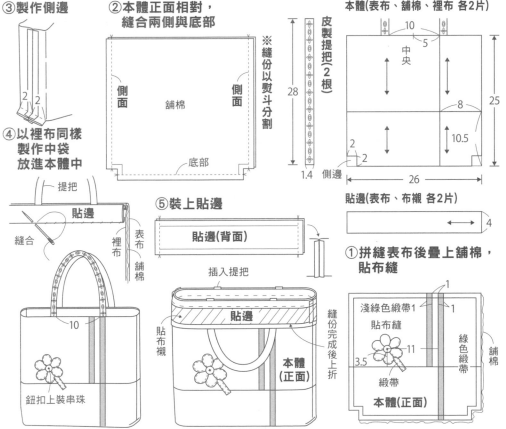

★貼布縫的實物大紙型在C面

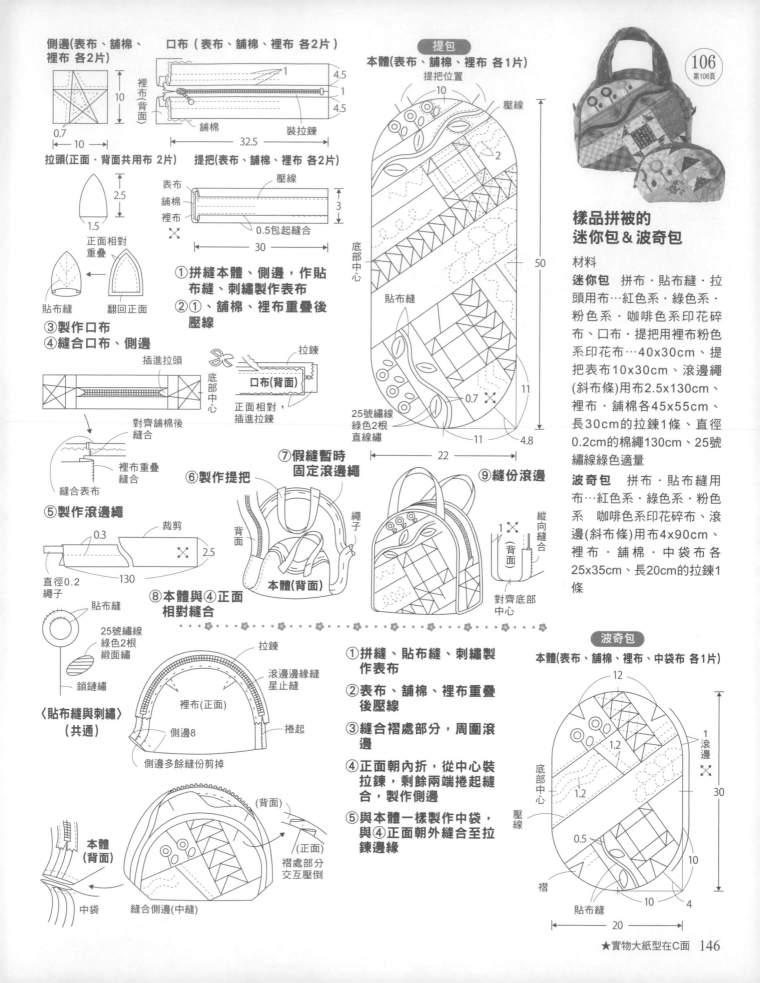

側邊(表布、舖棉、裡布 各2片)

10
0.7
10

裡布(背面)

口布（表布、舖棉、裡布 各2片）

4.5
1
4.5

舖棉　裝拉鍊
32.5

拉頭(正面·背面共用布 2片)

2.5
1.5

正面相對重疊

貼布縫　翻回正面

③製作口布
④縫合口布、側邊

提把(表布、舖棉、裡布 各2片)

表布
舖棉
裡布

壓線

3
0.5包起縫合
30

①拼縫本體、側邊，作貼布縫、刺繡製作表布
②①、舖棉、裡布重疊後壓線

插進拉頭

底部中心

對齊舖棉後縫合

裡布重疊縫合

縫合表布

⑤製作滾邊繩

裁剪
0.3
2.5
130
直徑0.2繩子

貼布縫

25號繡線綠色2根緞面繡

鎖鏈繡

〈貼布縫與刺繡〉（共通）

拉鍊
正面相對，插進拉鍊

口布(背面)

⑥製作提把

背面

⑦假縫暫時固定滾邊繩

繩子

本體(背面)

⑧本體與④正面相對縫合

樣品拼被的迷你包＆波奇包

材料

迷你包　拼布·貼布縫·拉頭用布…紅色系·綠色系·粉色系·咖啡色系印花碎布、口布·提把用裡布粉色系印花布…40x30cm、提把表布10x30cm、滾邊繩(斜布條)用布2.5x130cm、裡布·舖棉各45x55cm、長30cm的拉鍊1條、直徑0.2cm的棉繩130cm、25號繡線綠色適量

波奇包　拼布·貼布縫用布…紅色系·綠色系·粉色系　咖啡色系印花碎布、滾邊(斜布條)用布4x90cm、裡布·舖棉·中袋布各25x35cm、長20cm的拉鍊1條

提包

本體(表布、舖棉、裡布 各1片)

提把位置

10
壓線
2
50
11
11　4.8
22

底部中心

貼布縫

0.7

25號繡線綠色2根直線繡

⑨縫份滾邊

縱向縫合
1
背面

對齊底部中心

拉鍊
滾邊邊緣縫星止縫

裡布(正面)

側邊8
捲起

側邊多餘縫份剪掉

①拼縫、貼布縫、刺繡製作表布
②表布、舖棉、裡布重疊後壓線
③縫合褶處部分，周圍滾邊
④正面朝內折，從中心裝拉鍊，剩餘兩端捲起縫合，製作側邊
⑤與本體一樣製作中袋，與④正面朝外縫合至拉鍊邊緣

本體(背面)

(背面)

(正面)

褶處部分交互壓倒

中袋　縫合側邊(中縫)

波奇包

本體(表布、舖棉、裡布、中袋布 各1片)

12
1.2
1.2
1.2
1滾邊
30
0.5
10
10　4
20

底部中心

壓線

褶

貼布縫

中袋(裡布1片)

33
30
9
3.8
7.5
對折邊

本體(表布、舖棉、裡布 各2片)

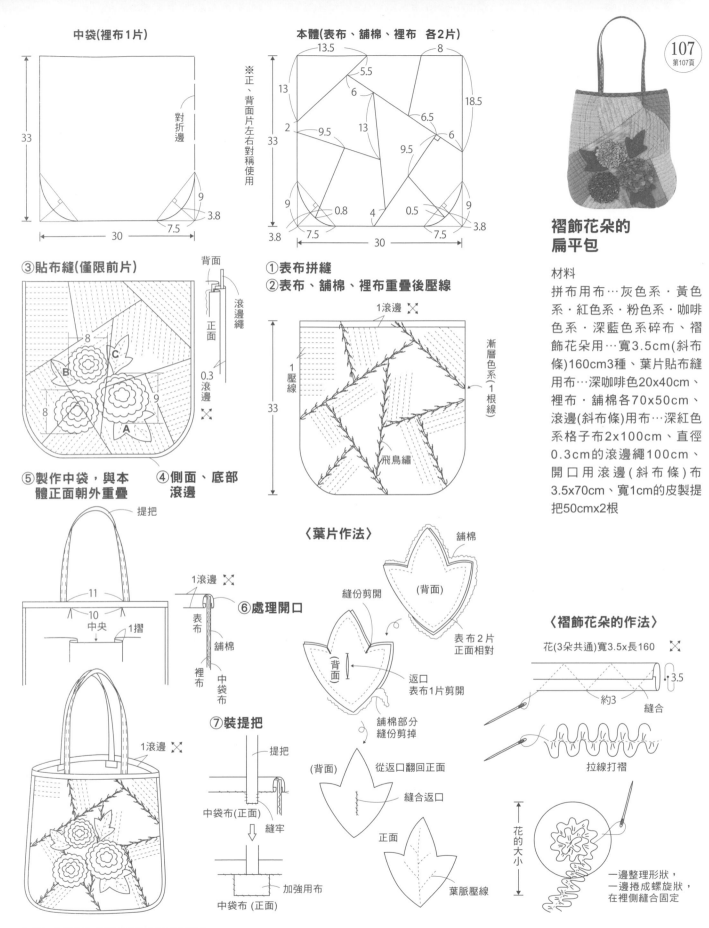

※正、背面片左右對稱使用

13.5
8
5.5
6
13
18.5
2
9.5
6.5
13
6
9.5
33
9
0.8
4
0.5
9
3.8
7.5
30
7.5
3.8

③貼布縫(僅限前片)

背面
滾邊繩
正面
0.3滾邊

8
C
B
8
9
A

⑤製作中袋,與本
體正面朝外重疊

提把

11
10
中央
1摺

1滾邊

①表布拼縫
②表布、舖棉、裡布重疊後壓線

1滾邊
漸層色系(1根線)
1壓線
33
飛鳥繡

④側面、底部
滾邊

1滾邊
表布
舖棉
裡布
中袋布

⑥處理開口

⑦裝提把

提把
中袋布(正面)
縫牢
加強用布
中袋布(正面)

〈葉片作法〉

舖棉
(背面)
縫份剪開
表布2片
正面相對
(背面)
返口
表布1片剪開
舖棉部分
縫份剪掉
(背面)
從返口翻回正面
縫合返口
正面
葉脈壓線

107
第107頁

褶飾花朵的
扁平包

材料
拼布用布…灰色系‧黃色
系‧紅色系‧粉色系‧咖啡
色系‧深藍色系碎布、褶
飾花朵用…寬3.5cm(斜布
條)160cm3種、葉片貼布縫
用布…深咖啡色20x40cm、
裡布‧舖棉各70x50cm、
滾邊(斜布條)用布…深紅色
系格子布2x100cm、直徑
0.3cm的滾邊繩100cm、
開口用滾邊(斜布條)布
3.5x70cm、寬1cm的皮製提
把50cmx2根

〈褶飾花朵的作法〉

花(3朵共通)寬3.5x長160

3.5
約3
縫合
拉線打褶

花的大小

一邊整理形狀,
一邊捲成螺旋狀,
在裡側縫合固定

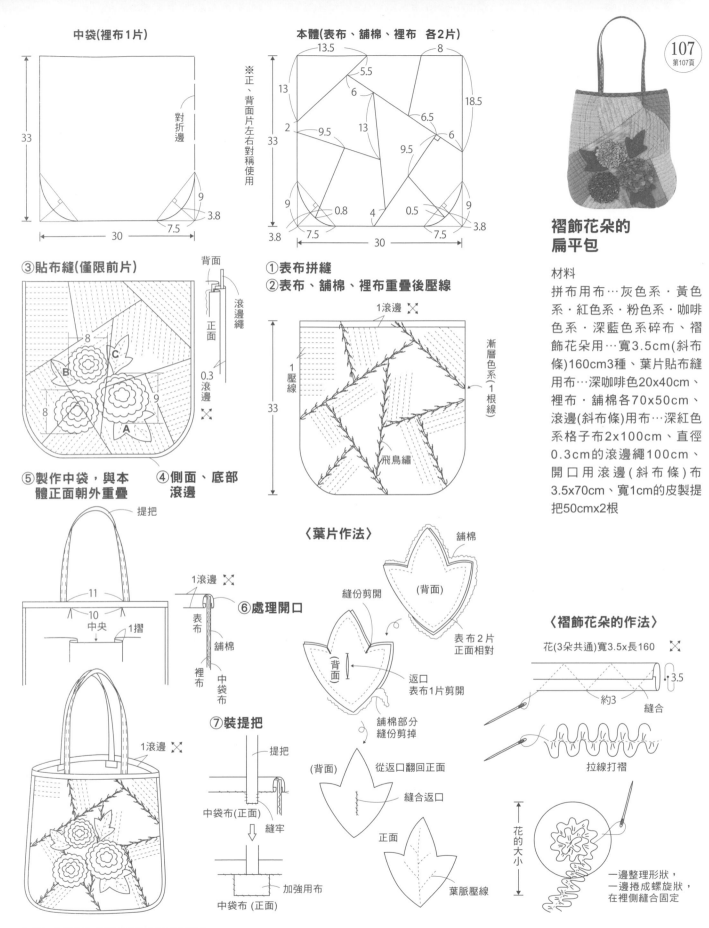

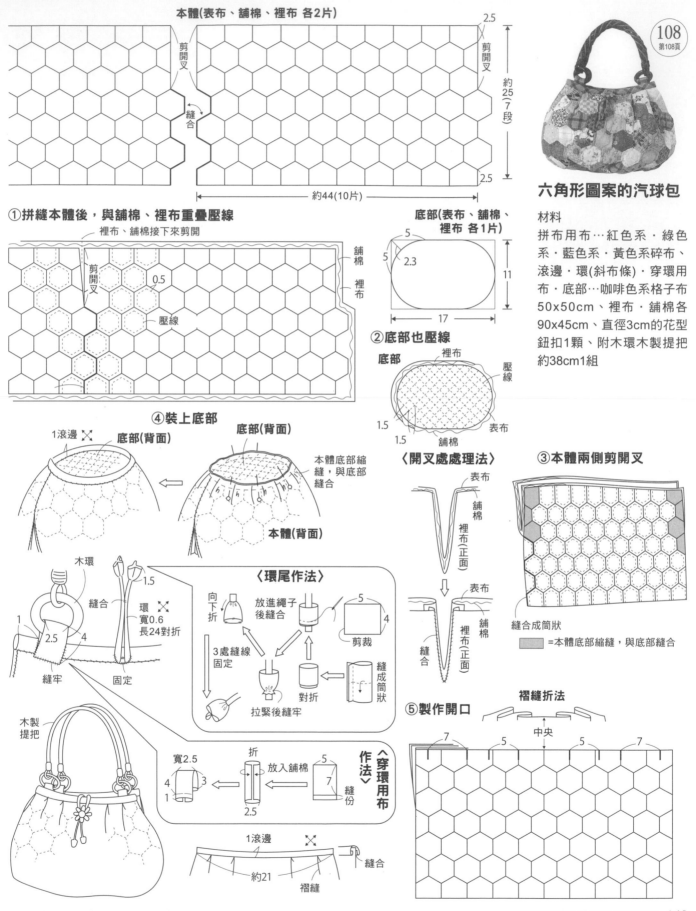

本體(表布、舖棉、裡布 各2片)

2.5
剪開叉
剪開叉
約25(7段)
2.5

縫合

約44(10片)

六角形圖案的汽球包

材料
拼布用布…紅色系·綠色系·藍色系·黃色系碎布、滾邊·環(斜布條)·穿環用布·底部…咖啡色系格子布50x50cm、裡布·舖棉各90x45cm、直徑3cm的花型鈕扣1顆、附木環木製提把約38cm1組

①拼縫本體後,與舖棉、裡布重疊壓線

裡布、舖棉接下來剪開
剪開叉
舖棉
裡布
0.5
壓線

底部(表布、舖棉、裡布 各1片)
5
5
2.3
11
17

②底部也壓線

底部
裡布
壓線
表布
1.5
1.5
舖棉

④裝上底部

1滾邊
底部(背面)
底部(背面)
本體底部縮縫,與底部縫合
本體底部縮縫
本體(背面)

〈開叉處處理法〉
表布
舖棉
裡布(正面)
表布
舖棉
裡布(正面)
縫合

③本體兩側剪開叉
縫合成筒狀
=本體底部縮縫,與底部縫合

木環
1.5
縫合
環 寬0.6 長24對折
1
2.5
4
縫牢
固定

〈環尾作法〉
向下折
放進繩子後縫合
5
4
剪裁
3處縫線固定
對折
縫成筒狀
拉緊後縫牢

木製提把

穿環用布作法
折
寬2.5
放入舖棉
4 3
1
2.5
5
7
縫份

1滾邊
約21
褶縫
縫合

⑤製作開口

褶縫折法
中央
7
5
5
7

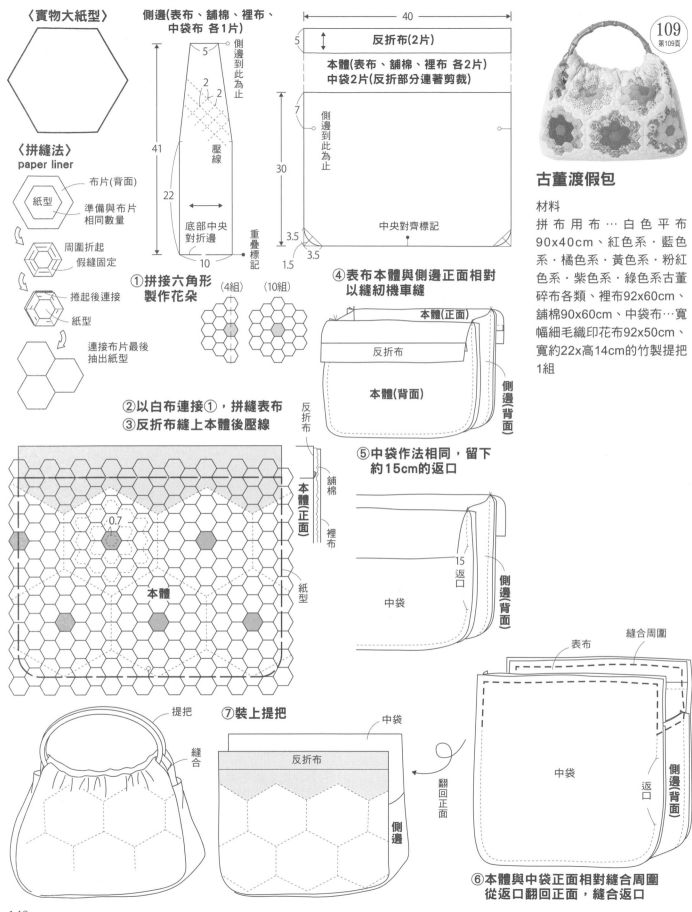

〈實物大紙型〉

〈拼縫法〉
paper liner

布片(背面)

紙型

準備與布片
相同數量

周圍折起
假縫固定

捲起後連接

紙型

連接布片最後
抽出紙型

側邊(表布、舖棉、裡布、中袋布 各1片)

5

2
2

壓線

側邊到此為止

41

22

底部中央對折邊

10

重疊標記

① 拼接六角形
製作花朵

(4組)    (10組)

40

5

反折布(2片)

本體(表布、舖棉、裡布 各2片)
中袋2片(反折部分連著剪裁)

7

側邊到此為止

30

中央對齊標記

3.5

3.5

1.5

④ 表布本體與側邊正面相對
以縫紉機車縫

本體(正面)

反折布

本體(背面)

側邊(背面)

⑤ 中袋作法相同，留下
約15cm的返口

15 返口

中袋

側邊(背面)

② 以白布連接①，拼縫表布
③ 反折布縫上本體後壓線

反折布

舖棉

本體(正面)

裡布

0.7

紙型

本體

⑥ 本體與中袋正面相對縫合周圍
從返口翻回正面，縫合返口

縫合周圍

表布

中袋

側邊(背面)

返口

⑦ 裝上提把

提把

縫合

反折布

中袋

翻回正面

側邊

古董渡假包

材料
拼布用布…白色平布
90x40cm、紅色系·藍色
系·橘色系·黃色系·粉紅
色系·紫色系·綠色系古董
碎布各類、裡布92x60cm、
舖棉90x60cm、中袋布…寬
幅細毛織印花布92x50cm、
寬約22x高14cm的竹製提把
1組

⑤製作底部，底部表布、舖棉、裡布重疊後壓線，貼上厚布襯2片與裡布重疊

⑥製作中底，與⑤粘合

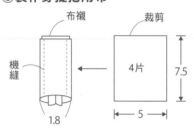

中底 { 裡布 / 厚布襯
粘貼
↓
底部 { 厚布襯 / 裡布
表布 / 舖棉

⑦④與⑥正面朝外縫合，縫份滾邊

⑧製作穿提把用布

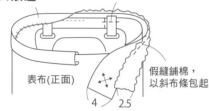

布襯
裁剪
機縫
4片
7.5
1.8
5

⑩開口滾邊

⑨將提把穿過穿提把用布，假縫固定

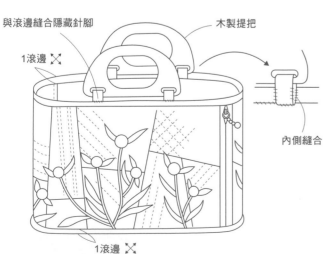

與滾邊縫合隱藏針腳
1滾邊 ✕
木製提把
表布(正面)
假縫舖棉，以斜布條包起
4　2.5
內側縫合
1滾邊 ✕

本體（表布、舖棉、裡布 各2片）

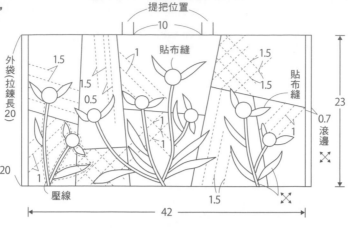

提把位置
10
貼布縫
1.5
1.5
1.5
0.5
1
1
1
1
貼布縫
0.7 滾邊
23
外袋(拉鍊長20)
20
壓線
1
1.5
42

底部(表布、舖棉 各1片　裡布、厚布襯 各2片)
中底(裡布 1片　厚布襯 2片)

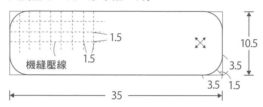

機縫壓線
1.5
1.5
10.5
3.5
3.5 1.5
35

①拼縫製作本體正面、背面

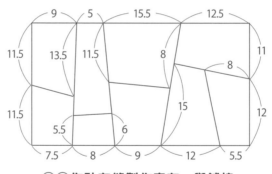

9　5　15.5　12.5
11.5　13.5　11.5　8　11
8
11.5　15　12
5.5　6
11.5
7.5　8　9　12　5.5

②①作貼布縫製作表布，與舖棉、裡布重疊後壓線

③製作外袋

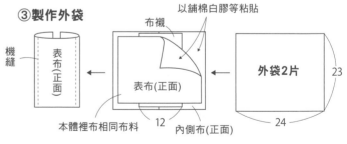

機縫
表布(正面)
布襯
以舖棉白膠等粘貼
表布(正面)
外袋2片　23
本體裡布相同布料
12　內側布(正面)
24

④外袋與本體兩側、內側重疊，開口滾邊，裝上拉鍊

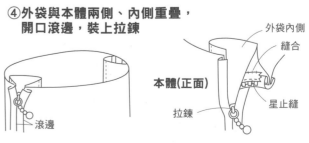

滾邊
外袋內側
縫合
本體(正面)
星止縫
拉鍊

草莓園圖案包

材料
拼布・貼布縫用布…粉色系・紅色系・綠色系碎布、底布・穿提把用布滾邊(斜布條)用布…粉色系80x40cm、裡布・口袋裡布90x50cm、口袋內側布60x30cm、舖棉90x45cm、布襯75x50cm、長20cm的拉鍊2條、寬約17x高11cm的木製提把1組

★貼布縫的實物大紙型在C面　150

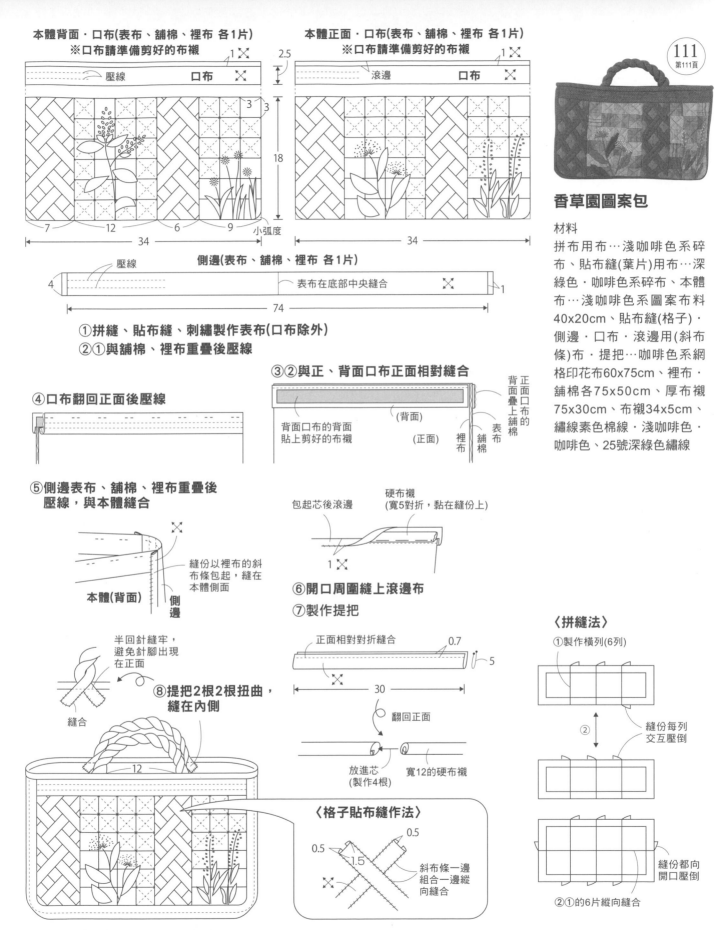

本體背面・口布(表布、舖棉、裡布 各1片)
※口布請準備剪好的布襯

壓線　口布

7　12　6　9　小弧度
34

本體正面・口布(表布、舖棉、裡布 各1片)
※口布請準備剪好的布襯

滾邊　口布

34

側邊(表布、舖棉、裡布 各1片)
壓線　表布在底部中央縫合
74

①拼縫、貼布縫、刺繡製作表布(口布除外)
②①與舖棉、裡布重疊後壓線

③②與正、背面口布正面相對縫合
背面口布的背面
貼上剪好的布襯
(背面)
(正面)
正面口布的背面疊上舖棉
裡布
舖棉
表布

④口布翻回正面後壓線

⑤側邊表布、舖棉、裡布重疊後
　壓線，與本體縫合

縫份以裡布的斜布條包起，縫在本體側面
本體(背面)　側邊

半回針縫牢，避免針腳出現在正面
縫合

⑧提把2根2根扭曲，縫在內側

12

包起芯後滾邊
硬布襯(寬5對折，黏在縫份上)
1

⑥開口周圍縫上滾邊布
⑦製作提把

正面相對對折縫合　0.7
5
30
翻回正面
放進芯(製作4根)　寬12的硬布襯

〈格子貼布縫作法〉
0.5
0.5
1.5
斜布條一邊組合一邊縱向縫合

香草園圖案包

材料
拼布用布…淺咖啡色系碎布、貼布縫(葉片)用布…深綠色・咖啡色系碎布、本體布…淺咖啡色系圖案布料40x20cm、貼布縫(格子)・側邊・口布・滾邊用(斜布條)布・提把…咖啡色系網格印花布60x75cm、裡布・舖棉各75x50cm、厚布襯75x30cm、布襯34x5cm、繡線素色棉線・淺咖啡色・咖啡色、25號深綠色繡線

〈拼縫法〉
①製作橫列(6列)
②
縫份每列交互壓倒
縫份都向開口壓倒
②①的6片縱向縫合

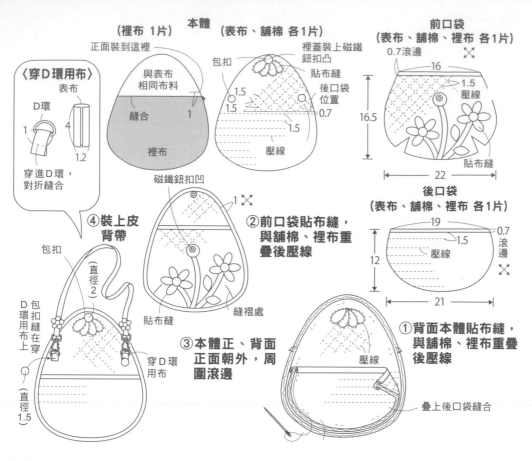

〈穿D環用布〉

表布

D環

1

4

1.2

穿進D環，
對折縫合

④裝上皮
背帶

包扣

D環
包扣
用布縫
在穿D
環用布上

（直徑2）

（直徑1.5）

穿D環
用布

本體（裡布 1片）

正面裝到這裡

與表布
相同布料

縫合　　1

裡布

磁鐵鈕扣凹

1

②前口袋貼布縫，
與舖棉、裡布重
疊後壓線

貼布縫

縫褶處

③本體正、背面
正面朝外，周
圍滾邊

本體（表布、舖棉 各1片）

包扣

裡蓋裝上磁鐵
鈕扣凸

貼布縫

後口袋
位置

1.5

1.5

0.7

1.5

壓線

前口袋
（表布、舖棉、裡布 各1片）

0.7滾邊

16

1.5

壓線

22

16.5

貼布縫

後口袋
（表布、舖棉、裡布 各1片）

19

12

壓線

21

0.7
滾邊

①背面本體貼布縫，
與舖棉、裡布重疊
後壓線

壓線

疊上後口袋縫合

113
第113頁

## 小花的
## 迷你肩背包

**材料**

本體・口袋(正、背面)
蓋子部分的貼邊…咖啡色
系格子布50x50cm、滾邊
用(斜布條)布…3x40cm、
4x80cm、裡布75x20cm、
舖棉50x50cm、貼布縫・
包扣用布…紅・咖啡色系碎
布、包扣直徑1.5cm2顆・
直徑2cm1顆、磁鐵鈕扣1
組、內徑1.2cm的D環2個、
寬1cm的附活動鉤皮背帶
70cm

★貼布縫圖案和實物大紙型在D面

---

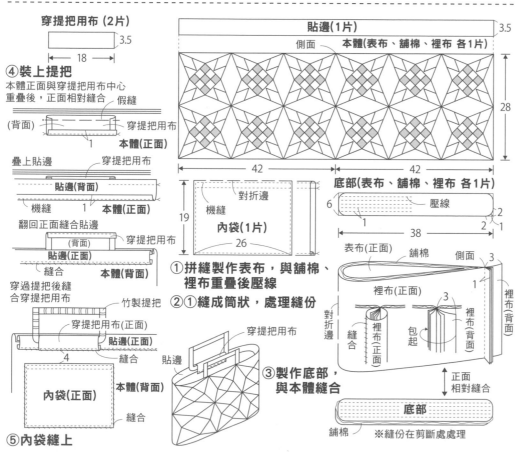

穿提把用布 (2片)

3.5

18

④裝上提把

本體正面與穿提把用布中心
重疊後，正面相對縫合

假縫

(背面)

穿提把用布

1

**本體(正面)**

疊上貼邊

穿提把用布

**貼邊(背面)**

機縫　1　　**本體(正面)**

翻回正面縫合貼邊

(背面)

穿提把用布

**貼邊(背面)**

縫合　　　**本體(背面)**

穿過提把後縫
合穿提把用布

竹製提把

穿提把用布(正面)

**貼邊(正面)**

4

縫合

**內袋(正面)**

縫合

⑤內袋縫上

貼邊(1片)

3.5

側面　　本體(表布、舖棉、裡布 各1片)

42　　　42

28

19

機縫

對折邊

內袋(1片)

26

①拼縫製作表布，與舖棉、
裡布重疊後壓線

②①縫成筒狀，處理縫份

穿提把用布

貼邊

**本體(背面)**

縫合

③製作底部，
與本體縫合

底部(表布、舖棉、裡布 各1片)

19

壓線

6

1　　38　　1

2

2

表布(正面)

舖棉

側面

3

裡布(正面)

對
折
邊

縫
合

裡
布
(
正
面
)

包
起

3

裡布(背面)

裡
布
(
背
面
)

1

正面
相對縫合

底部

舖棉

※縫份在剪斷處處理

115
第115頁

## broken star圖案
## 的無側邊時尚包

**材料**

拼布用布…粉紅色刺繡條
紋布料、咖啡色系・綠色
系・灰色系・藍色系・粉紅
色印花碎布、裡布(襯布+
口袋部分)92x60cm、舖棉
90x40cm、寬約18x高7cm
的竹製提把1組

★圖案的實物大紙型在D面

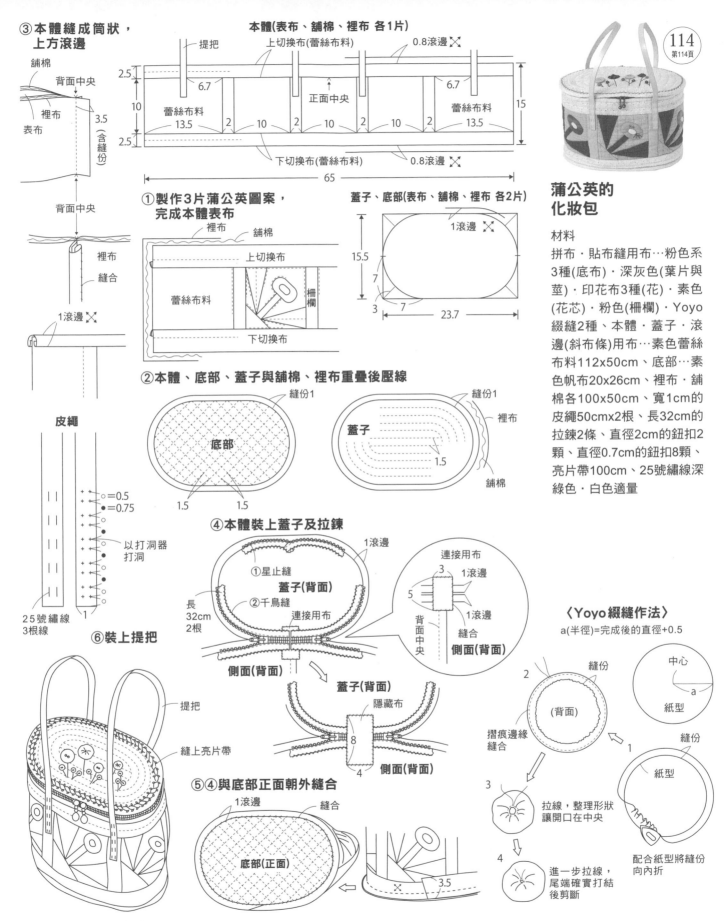

③本體縫成筒狀，
　上方滾邊

鋪棉
背面中央
裡布
表布
3.5
（含縫份）

2.5
背面中央
裡布
縫合

1滾邊 ⊠

本體(表布、鋪棉、裡布 各1片)
提把
上切換布(蕾絲布料)
0.8滾邊 ⊠
2.5
6.7
正面中央
6.7
10
15
蕾絲布料
13.5
2 10 2 10 2 10 2
蕾絲布料
13.5
2.5
下切換布(蕾絲布料)
0.8滾邊 ⊠
65

皮繩
○=0.5
●=0.75
以打洞器打洞
25號繡線 3根線
1

①製作3片蒲公英圖案，
　完成本體表布
裡布
鋪棉
上切換布
蕾絲布料
柵欄
下切換布

蓋子、底部(表布、鋪棉、裡布 各2片)
1滾邊 ⊠
15.5
7
3
7
23.7

②本體、底部、蓋子與鋪棉、裡布重疊後壓線
縫份1
底部
縫份1
裡布
蓋子
1.5
鋪棉
1.5 1.5

④本體裝上蓋子及拉鍊
1滾邊
①星止縫
蓋子(背面)
②千鳥縫
連接用布
長32cm 2根
側面(背面)
連接用布
3
1滾邊
5
1滾邊
背面中央
縫合
側面(背面)
蓋子(背面)
隱藏布
8
4
側面(背面)

⑤④與底部正面朝外縫合
1滾邊
縫合
底部(正面)
3.5

⑥裝上提把
提把
縫上亮片帶

〈Yoyo綴縫作法〉
a(半徑)=完成後的直徑+0.5
縫份
2
(背面)
摺痕邊緣縫合
3
拉線，整理形狀讓開口在中央
4
進一步拉線，尾端確實打結後剪斷
中心
a
紙型
縫份
1
紙型
配合紙型將縫份向內折

蒲公英的
化妝包

材料
拼布‧貼布縫用布…粉色系3種(底布)‧深灰色(葉片與莖)‧印花布3種(花)‧素色(花芯)‧粉色(柵欄)‧Yoyo綴縫2種、本體‧蓋子‧滾邊(斜布條)用布…素色蕾絲布料112x50cm、底部…素色帆布20x26cm、裡布‧鋪棉各100x50cm、寬1cm的皮繩50cmx2根、長32cm的拉鍊2條、直徑2cm的鈕扣2顆、直徑0.7cm的鈕扣8顆、亮片帶100cm、25號繡線深綠色‧白色適量

〈花飾〉 底部(表布、黏著用舖棉、裡布、布襯 各1片)

本體(表布、黏著用舖棉、裡布 各2片)

寬0.3緞帶

機縫

4
4

30

7

折成環狀固定
捲起縫合

蓋子(表布、黏著用舖棉、裡布 各1片)

⑤製作蓋子，縫上本體

黏著用舖棉
表布
裁剪
裡布裝上磁鐵鈕扣

翻回正面

0.3
裡布(正面)
星止縫
本體

縫合返口(正面)

縫牢

皮製提把

1.5
0.8 磁鐵鈕扣凸

蓋子
口袋開口

0.5 滾邊

4

磁鐵鈕扣凹

素色2根線
雛菊繡
串珠

花飾

18

9

串珠

壓線

16

3

8

11

④底部裡布黏上布襯，疊在本體的縫份上縫合

裡布 裁剪

縫合

布襯

縫合後拉緊線整理形狀

①開口滾邊，裝上穿提把用布

0.5
D環
4枚 4
1

深綠色2根線
人字繡

提把位置

插進蕾絲

16

0.5

深綠色2根羽毛繡

深綠色、素色各2根，羽毛繡繡雙層

22
寬0.3捲曲緞帶

※刺繡使用25號繡線

18

2 2 2 2

縫合

蕾絲下方壓線

34

※僅正面刺繡‧裝捲曲緞帶

①本體、蓋子拼縫後插進蕾絲，製作表布

②①與底部貼上黏著用舖棉後壓線，本體與蓋子刺繡後，裝上捲曲緞帶、串珠本體裝上磁鐵鈕扣

③本體與裡布各自正面相對縫合側面，與底部正面相對縫合

本體(背面)

側邊舖棉剪掉後，分割縫份

裡布(正面)

本體
裡布

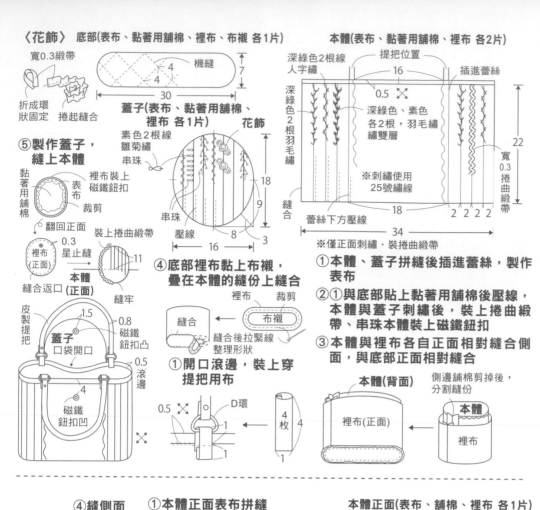

116
第116頁

## 條紋與蕾絲的浪漫提包

材料

拼布用布…深綠色系‧淡粉紅色系‧素色系印花碎布、底部‧裡布‧穿提把用布80x50cm、黏著用舖棉80x45cm、布襯35x10cm、磁鐵鈕扣1組、寬1.2cm蕾絲100cm、寬0.3cm捲曲緞帶100cm、寬0.8cm皮製提把38cm1組、25號繡線深綠色‧素色、透明串珠、寬0.3cm緞面帶深綠色‧素色各適量

④縫側面

⑥製作側邊

6
裡布 12

⑤以1片裡布包起縫份縫合

柄環內側塗上少許白膠，套在提把上黏緊

2

提把
貼邊

2

①本體正面表布拼縫

②①與本體背面、底部縫合，製作本體

③②與舖棉、裡布重疊後壓線（裡布多留1.5~2cm，以包起斜面縫份）

〈本體正面拼縫順序〉

⑦ ⑧ ⑨
C B B C
D A A D
A A A
A C
C B

布片數量
A 20片
B‧C 各4片
D 2片

⑨提把假固定在本體開口

⑧貼有布襯的貼邊部分貼到環上

8 8
提把 側面

⑩貼邊部分與本體正面相對縫合，翻回正面後縫上裡布

本體正面(表布、舖棉、裡布 各1片)

10 5 5 10

1

正面
17.3

5 5 10

本體背面與底部(表布、舖棉、裡布 各1片)

壓線

底部
12

10

中央

背面
17.3

2.5

30

貼邊(表布、布襯 各1片)

對折邊

30

4

⑦整理提把部分（皮質環2根）

1

留下外側白線部分，中芯剪去約2/3，減少厚度

直徑1.5x長32

折回1.5左右，處理芯後回復原狀

121
第121頁

## 俐落氛圍的副包

材料

拼布用布…黑x粉色系‧黑x白色系‧素色印花碎布、本體‧底部‧貼邊…黑底咖啡色英文字印花布65x40cm、裡布‧舖棉各40x55cm、直徑1.5cm的皮環32cmx2根、長2cm的柄環4個

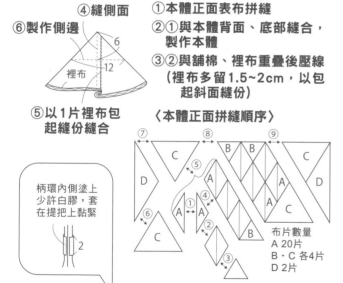

①本體、側邊拼縫製作表布
②①與底部貼上黏著用舖棉
③②壓線後，在本體上面裝上蕾絲

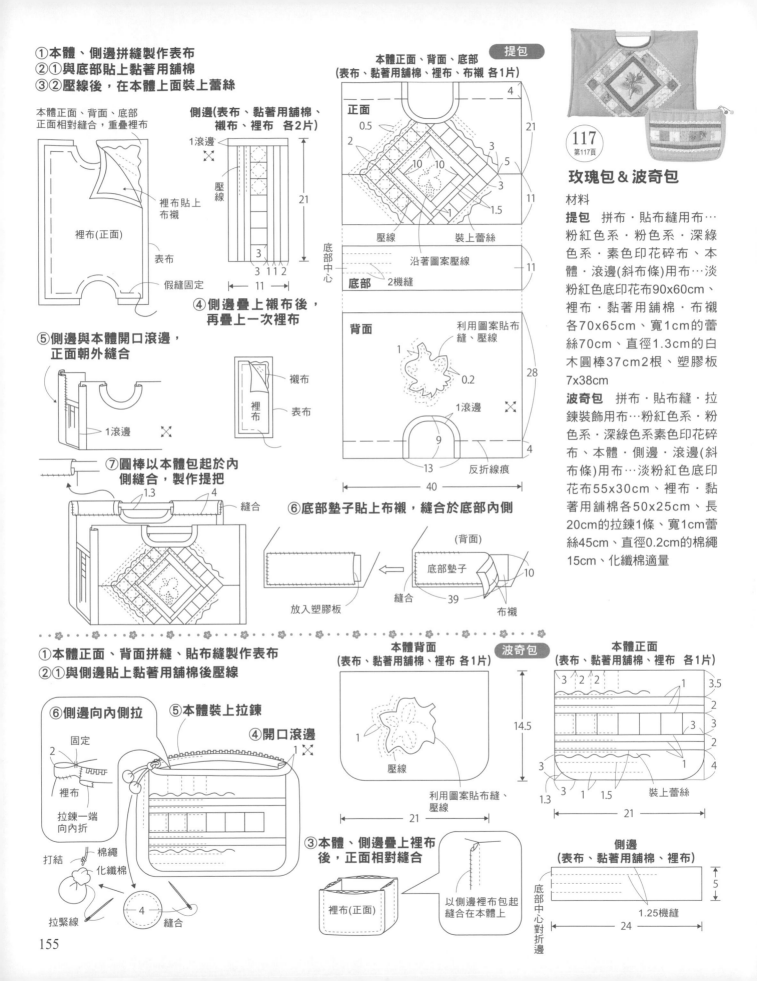

本體正面、背面、底部
正面相對縫合，重疊裡布

裡布貼上布襯
裡布(正面)
表布
假縫固定

側邊(表布、黏著用舖棉、襯布、裡布 各2片)
1滾邊
壓線
21
3
3 1 1 2
11

④側邊疊上襯布後，再疊上一次裡布

襯布
裡布
表布

⑤側邊與本體開口滾邊，正面朝外縫合
1滾邊

⑦圓棒以本體包起於內側縫合，製作提把
1.3
4
縫合

⑥底部墊子貼上布襯，縫合於底部內側
(背面)
底部墊子
10
縫合 39
布襯
放入塑膠板

**提包**

本體正面、背面、底部
(表布、黏著用舖棉、裡布、布襯 各1片)

正面
0.5
2
10 10
3
3
1
壓線 裝上蕾絲
4
21
5
11
1.5

底部中心
沿著圖案壓線
底部 2機縫
11

背面
1
利用圖案貼布縫、壓線
0.2
1滾邊
28
9
13 反折線痕
4
40

**117**
第117頁

## 玫瑰包&波奇包

材料

**提包** 拼布・貼布縫用布…粉紅色系・粉色系・深綠色系・素色印花碎布、本體・滾邊(斜布條)用布…淡粉紅色底印花布90x60cm、裡布・黏著用舖棉・布襯各70x65cm、寬1cm的蕾絲70cm、直徑1.3cm的白木圓棒37cm2根、塑膠板7x38cm

**波奇包** 拼布・貼布縫・拉鍊裝飾用布…粉紅色系・粉色系・深綠色系素色印花碎布、本體・側邊・滾邊(斜布條)用布…淡粉紅色底印花布55x30cm、裡布・黏著用舖棉各50x25cm、長20cm的拉鍊1條、寬1cm蕾絲45cm、直徑0.2cm的棉繩15cm、化纖棉適量

①本體正面、背面拼縫、貼布縫製作表布
②①與側邊貼上黏著用舖棉後壓線

⑥側邊向內側拉
固定
2
裡布
拉鍊一端向內折
打結 棉繩
化纖棉
拉緊線
4
縫合

⑤本體裝上拉鍊
④開口滾邊
1

**波奇包**

本體背面
(表布、黏著用舖棉、裡布 各1片)
1
14.5
壓線
1
利用圖案貼布縫、壓線
21

③本體、側邊疊上裡布後，正面相對縫合
裡布(正面)
以側邊裡布包起縫合在本體上

本體正面
(表布、黏著用舖棉、裡布 各1片)
3 2 2
1 3.5
2
3 3
2
3 1
3 1 1.5 裝上蕾絲
1.3
21

側邊
(表布、黏著用舖棉、裡布)
5
底部中心對折邊
1.25機縫
24

本體(表布、舖棉、裡布、中袋布 各1片)

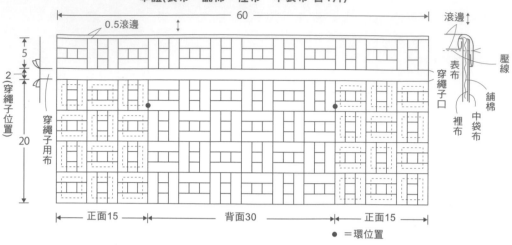

0.5滾邊

60

5

2(穿繩子位置)

穿繩子位置

20

穿繩子用布

正面15　背面30　正面15

● ＝環位置

滾邊

壓線

表布
舖棉
穿繩子口
裡布
中袋布

# 小木屋圖案的
# 束口袋型包

材料

拼布用布…黑色棉布
92x10cm・濃、淡灰色碎布
8種、黑色滾邊(斜布條)用
布4x65cm、中袋布…棉印
花布92x30cm、裡布・舖棉
65x40cm、寬1.2cm的黑色
附活動鉤皮帶110~130cm、
直徑0.4cm的繩子70cm、裝
飾用珠子2顆

底部(表布、舖棉、裡布、中袋布 各1片)

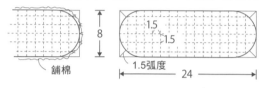

8

舖棉

1.5
1.5
1.5弧度　24

〈縫份壓倒法與壓線法〉

僅限正面的壓線

舖棉

1.5　1.5

5　2　2

正面、背面共通的壓線

①拼縫本體製作表布

②①、舖棉、裡布重疊後壓線

③與穿繩用布縫合

④留下穿繩口縫合側面成筒狀

⑤本體、底部正面相對邊抓圓邊縫合

⑥中袋與本體作法相同

⑦本體、中袋以中縫法縫合

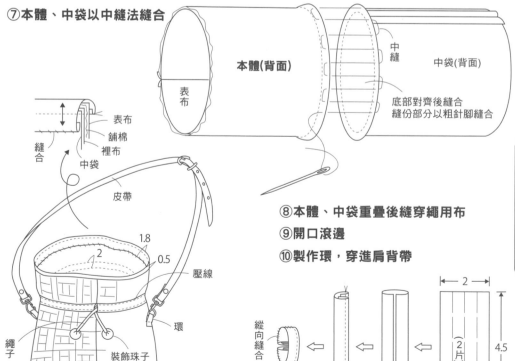

本體(背面)

表布

中縫

中袋(背面)

底部對齊後縫合
縫份部分以粗針腳縫合

縫合
表布
舖棉
裡布
中袋

⑧本體、中袋重疊後縫穿繩用布

⑨開口滾邊

⑩製作環，穿進肩背帶

本體(正面)

5

1.5 穿進繩子

中袋 (正面)

皮帶

1.8
2
0.5
壓線
環

繩子
裝飾珠子

縱向縫合

2

(2片)

4.5

156

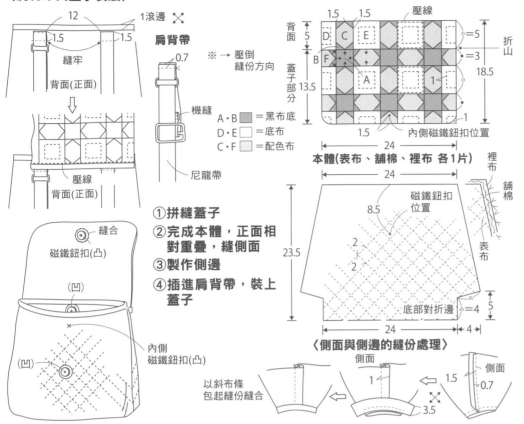

〈肩背帶與蓋子裝法〉

蓋子(表布、舖棉、裡布 各1片)

1滾邊

肩背帶

※→ 壓倒
縫份方向

A・B ▨ =黑布底
D・E □ =底布
C・F ▨ =配色布

①拼縫蓋子
②完成本體，正面相
　對重疊，縫側面
③製作側邊
④插進肩背帶，裝上
　蓋子

本體(表布、舖棉、裡布 各1片)

磁鐵鈕扣位置

內側
磁鐵鈕扣(凸)

〈側面與側邊的縫份處理〉

以斜布條
包起縫份縫合

第119頁

## 十字路圖案的
## 隨身包

材料
拼布用布…黑30x30cm
灰色・粉色印花碎布8
種、本體・蓋子背面・滾
邊(斜布條)…黑與灰條紋
92x50cm、黏著用舖棉
90x35cm、裡布50x35cm、
寬2.5cm的尼龍帶144cm、
內徑2.5cm的扣環1組、磁鐵
鈕扣2組

---

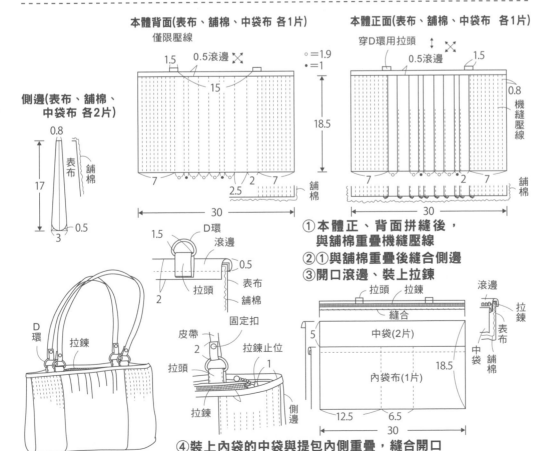

本體背面(表布、舖棉、中袋布 各1片)
僅限壓線

0.5滾邊

側邊(表布、舖棉、
中袋布 各2片)

本體正面(表布、舖棉、中袋布 各1片)
穿D環用拉頭

0.5滾邊

機縫壓線

①本體正、背面拼縫後，
　與舖棉重疊機縫壓線
②①與舖棉重疊後縫合側邊
③開口滾邊、裝上拉鍊

中袋(2片)

內袋布(1片)

④裝上內袋的中袋與提包內側重疊，縫合開口

第120頁

## 莫列波紋布料
## 雅緻氛圍的肩背包

材料
拼布用布…濃淡灰色印花碎
布5種、本體・滾邊(斜布條)
用布…莫列波紋cord lane
黑色92x30cm、中袋布…
印花棉布70x40cm、舖棉
70x20cm、內徑1.5cm的附
D環皮帶寬0.8cmx50cmx2
根、長28cm的拉鍊1條

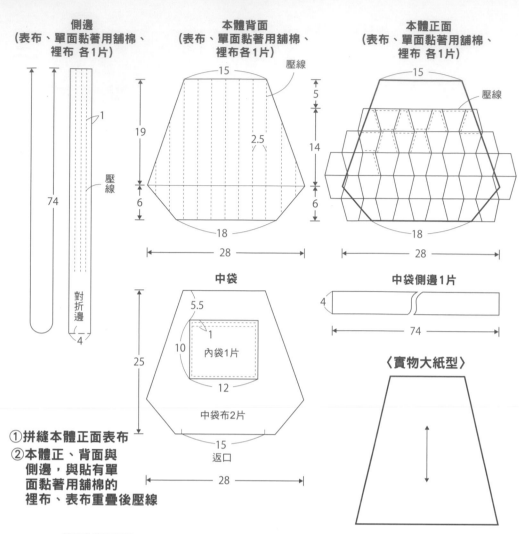

側邊
（表布、單面黏著用舖棉、裡布 各1片）

本體背面
（表布、單面黏著用舖棉、裡布各1片）

本體正面
（表布、單面黏著用舖棉、裡布 各1片）

壓線

74

1

壓線

對折邊

4

15

19

2.5

6

18

28

壓線

15

5

14

6

18

28

**水杯圖案的
時尚包**

材料
拼布用布…黑x白碎布、
本體…黑底白點印花布
50x30cm、側邊(含本體布
片)…黑色單色76x12cm、
裡布‧中袋布‧單面黏著用
舖棉各80x40cm、寬2cm的
皮製提把50cm、直徑2.5cm
的包扣2顆、直徑1.5cm的磁
鐵鈕扣1組

中袋

5.5

1

10

內袋1片

12

25

中袋布2片

15
返口

28

中袋側邊1片

4

74

〈實物大紙型〉

①拼縫本體正面表布
②本體正、背面與
　側邊，與貼有單
　面黏著用舖棉的
　裡布、表布重疊後壓線

單面黏著用舖棉
表布

裡布　黏著面，
以熨斗黏上

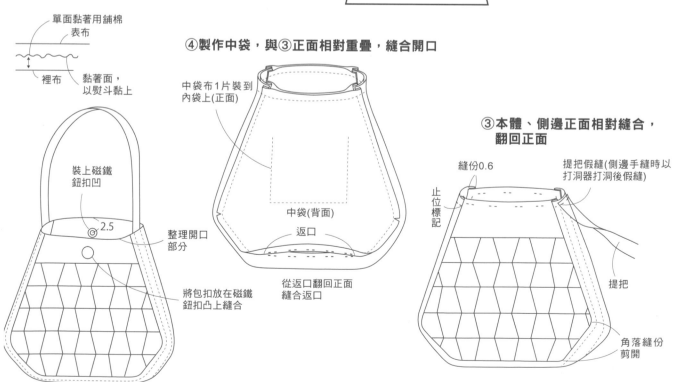

④製作中袋，與③正面相對重疊，縫合開口

中袋布1片裝到
內袋上(正面)

中袋(背面)

返口

從返口翻回正面
縫合返口

③本體、側邊正面相對縫合，
翻回正面

縫份0.6

止位標記

提把假縫(側邊手縫時以
打洞器打洞後假縫)

提把

角落縫份
剪開

裝上磁鐵
鈕扣凹

2.5

整理開口
部分

將包扣放在磁鐵
鈕扣凸上縫合

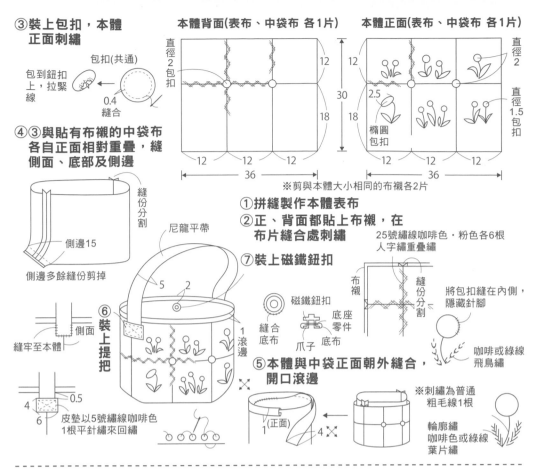

③裝上包扣，本體正面刺繡

包扣(共通)
包到鈕扣上，拉緊線
0.4
縫合

④③與貼有布襯的中袋布各自正面相對重疊，縫側面、底部及側邊

縫份分割
側邊15
側邊多餘縫份剪掉

⑥裝上提把
縫牢至本體
側面
0.5
4
6
皮墊以5號繡線咖啡色1根平針繡來回繡

本體背面(表布、中袋布 各1片)
直徑2包扣
12
18
30
12　12　12
36

本體正面(表布、中袋布 各1片)
12
2.5
橢圓包扣
直徑2
直徑1.5包扣
18
12　12　12
36

※剪與本體大小相同的布襯各2片

①拼縫製作本體表布
②正、背面都貼上布襯，在布片縫合處刺繡
⑦裝上磁鐵鈕扣

25號繡線咖啡色・粉色各6根
人字繡重疊繡
布襯
縫份分割
將包扣縫在內側，隱藏針腳

磁鐵鈕扣
底座零件
爪子
底布
縫合底布

咖啡或綠線飛鳥繡

⑤本體與中袋正面朝外縫合，開口滾邊
(正面)
1
4

尼龍平帶
5　2
1滾邊

※刺繡為普通粗毛線1根
輪廓繡咖啡色或綠線葉片繡

122　第122頁

## 小花的肩背包

材料
拼布用布…羊毛15x20cm・15x15cm 各6種、中袋用羊毛80x35cm、布襯80x70cm、滾邊(斜布條)用4x80cm、包扣(使用各色羊毛)直徑2.5cm6顆・1.5cm8顆・長2.5cm的橢圓1顆、磁鐵鈕扣1組、寬5cm尼龍平帶60cm、皮墊6x4cm2片、25號繡線粉色・咖啡色、5號繡線咖啡色、普通粗細毛線咖啡色、綠色適量

★貼布縫的實物大圖案在D面

---

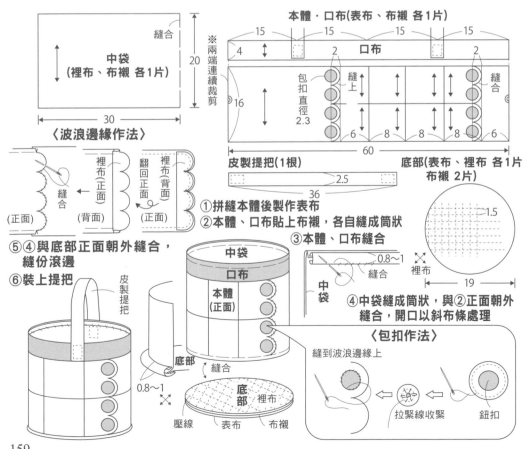

中袋(裡布、布襯 各1片)
20
30
※兩端連續裁剪

〈波浪邊緣作法〉
裡布(正面)
翻回正面
裡布(背面)
縫合
(正面)　(背面)　(正面)

⑤④與底部正面朝外縫合，縫份滾邊
⑥裝上提把

本體・口布(表布、布襯 各1片)
15　15　15　15
4　2　口布　2
16
包扣直徑2.3
6　8　8　8　6
60
縫上
縫合

皮製提把(1根)
2.5
36

底部(表布、裡布 各1片 布襯 2片)
1.5
19

①拼縫本體後製作表布
②本體、口布貼上布襯，各自縫成筒狀
③本體、口布縫合
0.8～1
縫合
裡布
中袋

④中袋縫成筒狀，與②正面朝外縫合，開口以斜布條處理
〈包扣作法〉
縫到波浪邊緣上

皮製提把
中袋
口布
本體(正面)
底部
縫合
0.8～1

底部
裡布
壓線　表布　布襯

拉緊線收緊　鈕扣

123　第123頁

## 鈕扣為亮點的水桶包

材料
拼布用布…羊毛格子布8種各10x10cm・咖啡色羊毛格紋18x35cm・咖啡色法蘭絨30x62cm、底部周圍滾邊(斜布條)用布3.5x62cm、裡布50x90cm、布襯70x62cm、直徑2.3cm的包扣(使用咖啡色法蘭絨)8顆、寬2.5cm的皮製提把36cm

本體背面(表布、黏著用舖棉 各1片)
外袋（表布、黏著用舖棉、裡布 各1片）

1滾邊 ⊠

0.2

外袋

機縫

16

18

9   9   18

36

中袋布 2片

0.5   3

內袋 1片

機縫

13

18

20

36

中蓋(表布、裡布 各1片)

13

34

0.2機縫

穿提把用布 4片

裁剪

6   →   2

7   0.3機縫

塑膠板   6

35

放進底部墊子

本體正面(表布、黏著用舖棉 各1片)

1 ⊠   提把位置

14   9

9

直徑2包扣縫上

壓線   36   貼布縫

側邊(表布、黏著用舖棉、中袋布 各1片)

6

72

① 本體前、外袋拼縫後貼布縫製作表布
② 本體正、背面、側邊、外袋貼上黏著用舖棉（熨斗從正面以中溫熨燙）
③ 前、外袋壓線
④ 外袋、裡布正面相對縫合開口，翻回正面機縫返口

機縫袋口

表布

黏著用舖棉

裡布

黏著用舖棉

表布

外袋

假縫固定

⑤ 本體背面疊上外袋，機縫縫合
⑥ 本體與側邊正面相對縫合

⑧製作穿提把用布、中蓋縫上本體

塗漆木製提把

1滾邊 ⊠

假縫穿提把用布、中蓋

縫份縫到側邊

中蓋

穿提把用布

表布

⑨開口滾邊

⑦中袋作法與本體相同，與⑥正面朝外重疊

中袋(正面)

本體(背面)

※黏著用舖棉僅開口部份處理縫份

時尚漆質提把的
外出用提包

材料
拼布・貼布縫用布…紅色系・白色系・黑色單色・黑色緞面碎布、本體・側邊・外袋・中蓋・穿提把用布・滾邊(斜布條)用布…黑單色90x45cm、黏著用舖棉・中袋布各90x50cm、塑膠板35x6cm、直徑2cm包扣3顆、內徑約12x高12cm的塗漆木製提把1組

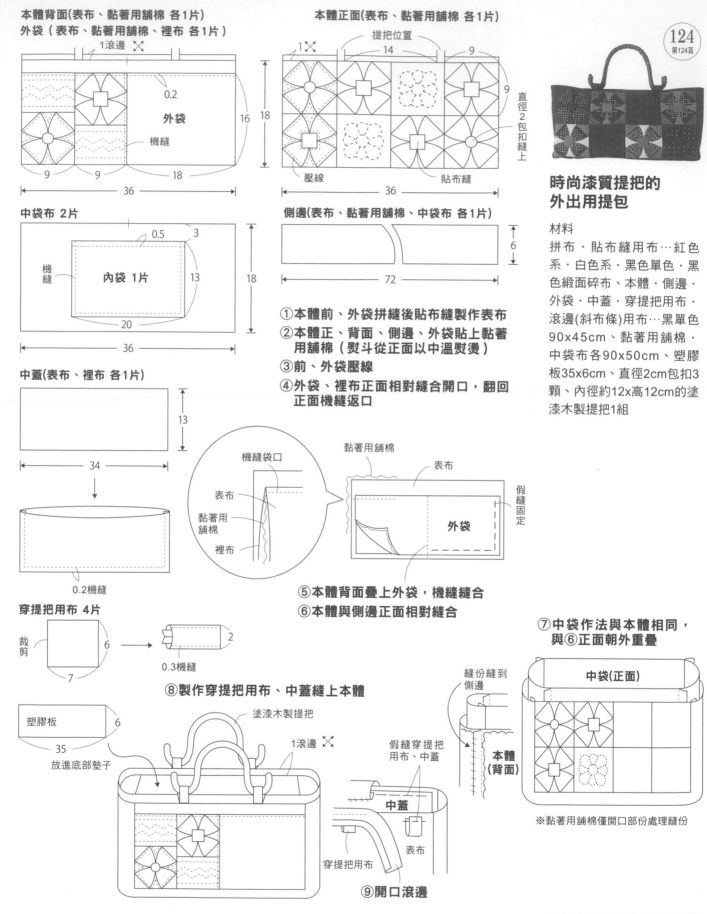

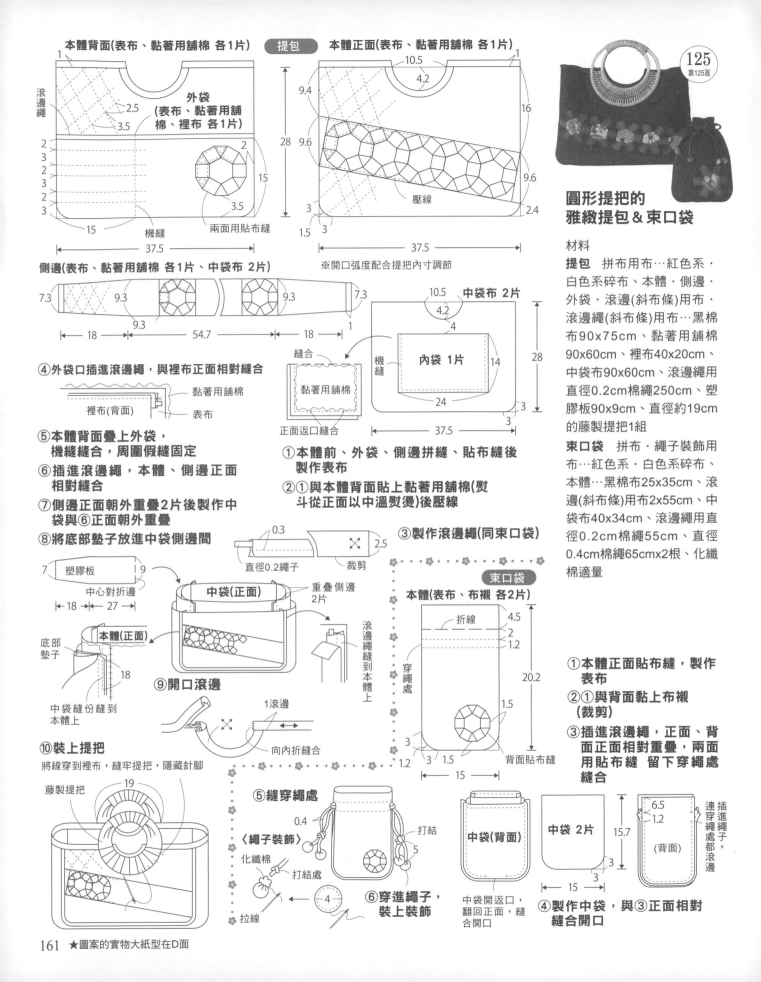

本體背面(表布、黏著用舖棉 各1片)　提包　本體正面(表布、黏著用舖棉 各1片)

外袋
(表布、黏著用舖棉、裡布 各1片)

滾邊繩

2.5
3.5

2
3
2
3
2
3

15　機縫　兩面用貼布縫

37.5

10.5
4.2

9.4
9.6

16

9.6
2.4

壓線

3
1.5　3

37.5

15
3.5

28

※開口弧度配合提把內寸調節

側邊(表布、黏著用舖棉 各1片、中袋布 2片)

7.3　9.3　9.3　9.3　7.3

18　54.7　18

中袋布 2片

10.5
4.2
4

內袋 1片

縫合
機縫
黏著用舖棉

14
28
24
3

正面返口縫合

37.5　3

④外袋口插進滾邊繩，與裡布正面相對縫合

黏著用舖棉
裡布(背面)
表布

⑤本體背面疊上外袋，
　機縫縫合，周圍假縫固定
⑥插進滾邊繩，本體、側邊正面
　相對縫合
⑦側邊正面朝外重疊2片後製作中
　袋與⑥正面朝外重疊
⑧將底部墊子放進中袋側邊間

①本體前、外袋、側邊拼縫、貼布縫後
　製作表布
②①與本體背面貼上黏著用舖棉(熨
　斗從正面以中溫熨燙)後壓線
③製作滾邊繩(同束口袋)

0.3
2.5
直徑0.2繩子　裁剪

7　塑膠板　9
中心對折邊
18　27

底部
墊子

本體(正面)

18

中袋縫份縫到
本體上

⑩裝上提把
將繩穿到裡布，縫牢提把，隱藏針腳

藤製提把

19

中袋(正面)　重疊側邊
2片

⑨開口滾邊

1滾邊
向內折縫合

滾邊繩縫到本體上

束口袋

本體(表布、布襯 各2片)

折線　4.5
2
1.2

穿繩處

20.2

1.5

3
1.2

3　1.5
15

背面貼布縫

①本體正面貼布縫，製作
　表布
②①與背面黏上布襯
　(裁剪)
③插進滾邊繩，正面、背
　面正面相對重疊，兩面
　用貼布縫 留下穿繩處
　縫合

⑤縫穿繩處
0.4

〈繩子裝飾〉
化纖棉
打結處

拉線

4

打結
5

⑥穿進繩子，
　裝上裝飾

中袋開返口，
翻回正面，縫
合開口

中袋(背面)

中袋 2片

15.7

15　3

6.5
1.2

(背面)

插進穿繩處都滾邊連穿繩子，

④製作中袋，與③正面相對
　縫合開口

圓形提把的
雅緻提包＆束口袋

材料
提包　拼布用布…紅色系・
白色系碎布、本體・側邊・
外袋・滾邊(斜布條)用布・
滾邊繩(斜布條)用布…黑棉
布90x75cm、黏著用舖棉
90x60cm、裡布40x20cm、
中袋布90x60cm、滾邊繩用
直徑0.2cm棉繩250cm、塑
膠板90x9cm、直徑約19cm
的藤製提把1組
束口袋　拼布・繩子裝飾用
布…紅色系・白色系碎布、
本體…黑棉布25x35cm、滾
邊(斜布條)用布2x55cm、中
袋布40x34cm、滾邊繩用直
徑0.2cm棉繩55cm、直徑
0.4cm棉繩65cmx2根、化纖
棉適量

①拼縫製作表布

漩渦(僅正面)

②縫合中心布
③表布、舖棉、襯布重疊後壓線
④③貼上厚布襯

厚紙　縫合
完成內折

中心布
舖棉
襯布
舖棉

⑧開口以斜布條包起
機縫
布襯
斜布條　本體(正面)　假縫

⑨裝上提把
提把　0.9
本體
縫牢　布襯

⑩中袋作法跟表布相同，與本體正面朝外重疊
斜布條
縫合　中袋(正面)
※開口、底部縫上中袋

⑫口布蓋裝上蕾絲、緞帶
縫合
縫合　口布蓋
蕾絲
口布蓋
內側魔鬼氈

本體(表布、舖棉、厚布襯、襯布、中袋布 各2片)

中心布
中央
8　8
皮製提把
0.9滾邊
漩渦(僅正面)
23

13.5

底部(表布、舖棉、厚布襯、襯布 各1片)

16
口布蓋(1片)
本體縫合處
92
1
2

⑥製作底部
底部　表布
舖棉　布襯
1.2
1.2
襯布
假縫　舖棉

⑤本體正面相對，縫合側面
側面
厚布襯
縫份剪掉
機縫
襯布
(背面)(背面)
本體縫份　舖棉

⑦本體、底部正面相對縫合
底部(背面)
機縫
本體(背面)
本體(正面)
底部(正面)

⑪口布蓋縫成筒狀，縫到本體上
3
裝上魔鬼氈
縫合
口布蓋(正面)

126
第126頁

漩渦圖案的日式風格包

材料
拼布用布…黑色系兔子印花布・粉色單色・淺咖啡色印花適量、中袋布・口布蓋92x60cm、舖棉・厚布襯・襯布各90x30cm、市售黑斜布條100cm、口布蓋用寬0.9cm緞帶50cm、裝飾用緞帶90cm、魔鬼氈10cm、寬1cm的皮製提把30cmx2根、5號繡線段染咖啡色系與橘色系、蟬翼紗、兩面黏著片

〈漩渦布片作法〉

⑤
蟬翼紗
布片(背面)
從背面以蒸氣熨斗熨燙

③
雙面黏著片
(正面)
蟬翼紗
稍微放涼後撕掉

①
兩面黏著片
(黏著面)
線
黏著片的黏著面向上，以線為中心捲起

⑥
布片(正面)
蟬翼紗
蟬翼紗
紙型
稍微放涼後配合紙型剪裁

④
蟬翼紗
布片
疊上布片

②
兩面黏著片
(黏著面)
(背面)
(正面)
蒸氣熨斗
蟬翼紗
疊上蟬翼紗

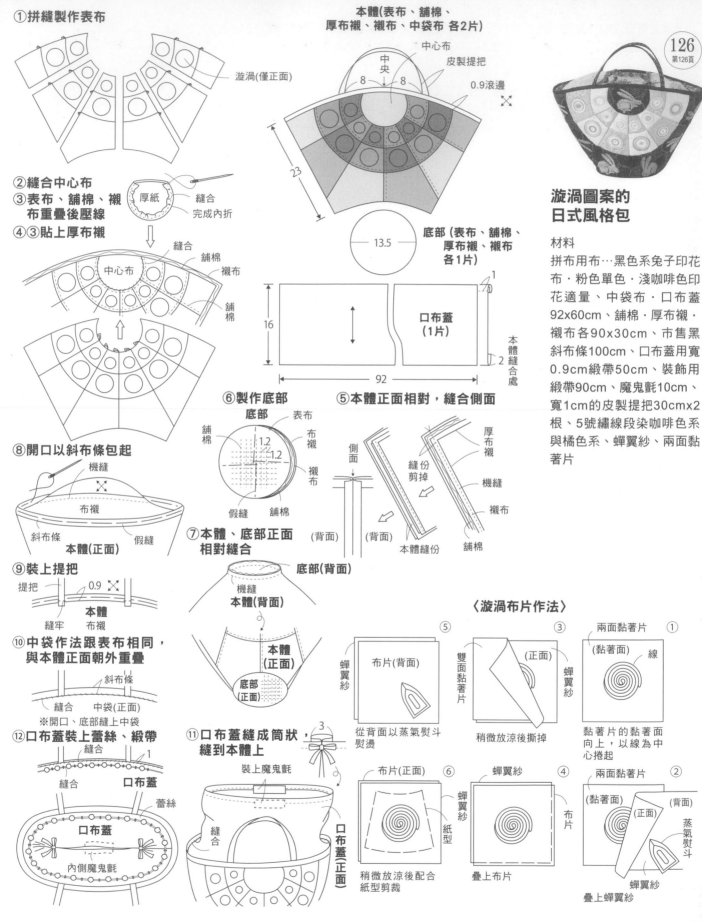